101个神奇的实验

101个水的实验

[德]安提亚·赛安　艾克·冯格/文　[德]夏洛特·瓦格勒/图　谢　霜/译

少年儿童出版社

图书在版编目（CIP）数据

101个水的实验 /（德）安提亚·赛安，（德）艾克·冯格文；（德）夏洛特·瓦格勒图；谢霜译. — 上海：少年儿童出版社，2021
（101个神奇的实验）
ISBN 978-7-5589-1231-3

Ⅰ. ①1… Ⅱ. ①安… ②艾… ③夏… ④谢… Ⅲ. ①水—科学实验—少儿读物 Ⅳ. ①P33-33

中国版本图书馆CIP数据核字（2021）第139945号

著作权合同登记号 图字：17-2017-333

101 Experimente mit Wasser

By Anita van Saan etc.
Illustrated by Charlotte Wagner
First published in Germany by moses. Verlag GmbH, Kempen, 2008.

101个神奇的实验
101个水的实验
［德］安提亚·赛安 ［德］艾克·冯格 文
［德］夏洛特·瓦格勒 图
谢 霜 译
黄尹佳 潘 虹 装帧设计

责任编辑 刘 伟 策划编辑 王浩淼
责任校对 黄 岚 美术编辑 陈艳萍 技术编辑 许 辉

出版发行 上海少年儿童出版社有限公司
地址 上海市闵行区号景路159弄B座5-6层 邮编 201101
印刷 佛山市高明领航彩色印刷有限公司
开本 787×1092 1/16 印张 8.5 字数 50千字
2021年7月第1版 2025年2月第18次印刷
ISBN 978-7-5589-1231-3/N·1199
定价 32.00元

前言

阿尔伯特·爱因斯坦（1879—1955）是一位天才科学家。他发现了整个宇宙都适用的定律，并致力于对时间、光和空间等广义命题的研究，此外，他对隐藏在这个世界上的一些不起眼的小东西也充满了兴趣。

爱因斯坦曾在1930年写下这样的话：

“人们永远不能停止发问！”

你可能已经明白这句话的意思。不管怎样，我们都要睁大眼睛来观察身边的世界，永远保持好奇心。因为只有这样，我们才能发现：原来身边还有这么多问题等着我们去解答。

水就是如此。你一定觉得，你早就知道水是什么了。水很湿，可能是温热的或冰冷的，也可能是干净的或脏的。它可以成为雨滴从天而降，也可以在冬天结成冰，还可以是夏天我们喝的柠檬汁里的小冰块。提起“水”这个话题，我想你一定能列出一大串水的特点。

在科学领域，人们将这些称为物质的特性。这和人很相似，因为每个人都有不同的“特性”。比如，你的哥哥早上起床后会情绪恶劣，你的姐姐特别爱读书；有些人很文静，有些人却风风火火、性格急躁。人们将这些特点称为一个人的性格。所以事物也是有特性的，而这些特性等着我们去发现。

的确，已经有一些科学家在从事对物质特性的研究。没有什么能够降低他们研究物质特性的兴趣：塑料、金属、玻璃……所有的东西都要拿来仔细研究。

科学家是怎样知道一种物质到底是由什么组成的？又是怎样知道，当这种物质受热、遇冷或者和另一种物质混合时会发生什么反应呢？

你猜到了吗？是的，正如你所猜想的那样，是通过科学实验！

通过实验，科学家就可以找到大自然中许多难题的答案。

水是我们生活中的一种重要物质。地球表面四分之三的面积被水覆盖，人体内约65%都是水。没有水，这个星球上就不可能存在生命。不用说，科学家早就仔细研究过这种对于我们来讲极其重要的物质了。他们也发现，水的确是一种有着神奇特性的物质。

你已经对这种每个人都很熟悉的液体感兴趣了吗？

我们发现这种对我们的生活极其重要的液体是如此有趣，所以我们特意为大家奉上这本书——一本全是关于水的实验书。我们将邀请你踏上发现之旅，在这一旅程中，你一定会成为一名优秀的“水侦探”！

你一定已经在心里自问过：

- 为什么糖可以溶解在水里，油却不可以？
- 为什么就算池塘的水面结冰了，池塘里的小鱼也能安然过冬？
- 为什么几吨重的轮船可以在水上航行，一根小小的钉子却不能浮在水面上？
- 为什么冰山是由淡水组成的？
- 怎样才能使海水淡化？
- 污水净化设备是怎样工作的？

问题一个接着一个，等你把这本书看完，这些问题就迎刃而解了。

为了能够真正做到不留疑惑，你会发现每个实验都对一些重要的专业术语进行了解释，你也可以查阅书后的术语表。

希望这本书能给你带来一次愉快的科学之旅！

目录

水：一种神奇的液体

水拥有很多故事：物态

迷你世界

水——世界一流的溶剂

水循环

1.水会自己跑到空气里（难度：☆☆☆☆☆）

所有的液体在空气中都会蒸发吗？

你需要

- 食用油
- 洗洁精
- 水
- 牛奶
- 1柄汤匙
- 4个杯子

这样来做

- 用汤匙分别将每种液体盛入一个杯子（第一杯是油，第二杯是牛奶……）。
- 分别将食指浸入食用油中，中指浸入水中，无名指浸入牛奶中，小拇指浸入洗洁精中。

会发生什么

沾过水的手指过一会儿就会变干，但却感觉比之前凉；浸过洗洁精的手指干得非常慢；牛奶在手指上虽然会彻底干掉，但让人感觉很奇怪；而油则会在手指上留下一层滑腻腻油乎乎的东西。

为什么会这样

水并没有消失，而是从液体变成了气体，人们将这个过程称为蒸发。水蒸发的速度不仅与空气温度、阳光照射有关，而且与风力、空气湿度也有关。

正如我们的实验所示，水在皮肤上蒸发还会带来其他影响，我们称之为蒸发吸热。

你的皮肤之所以会感到凉，是因为皮肤在短时间内将热量传给了水；牛奶和洗洁精中也含有水，蒸发后，牛奶和洗洁精中的其他成分会留在皮肤上；日常环境中，食用油基本不会蒸发，因此皮肤上会留下一层油乎乎的膜。

蒸发过程在日常生活中十分常见，是大多数人熟知的一种过程。如果有人发烧了，用一条湿毛巾放在额头上就可以感觉舒服些。

出汗也是一种水分蒸发的过程，可以让身体感到凉快。狗吐舌头急促地喘息也是为了散热：它们伸出湿漉漉的舌头，并且急促地呼吸，通过这种方法可以带走多余的热量。

2.湿的，干的，还是黏糊糊的（难度：★☆☆☆☆）

蒙住眼睛，你能分辨出哪个杯子里装的是水吗？

一起做实验

你需要

- 食用油
- 水
- 洗洁精
- 牛奶
- 面粉
- 5个杯子
- 1柄汤匙
- 1条手绢

这样来做

- 用汤匙将每种液体分别盛入一个杯子（第一杯是油，第二杯是牛奶……）。
- 找一个同伴一起做实验，事先不能让他知道杯子里装的是什么。用手绢蒙住他的眼睛，请他将一个手指依次伸入每个杯子里。

会发生什么

他能猜出杯子里装的是什么吗？分辨面粉和液体是不难的。如果是水，手指会感觉到湿漉漉的，当水蒸发时，会感觉有一点凉丝丝的；洗洁精会留下黏糊糊的感觉；而食用油是又湿又滑的；面粉则是干的。

为什么会这样

你可以十分清楚地辨别出手指碰到的是液体还是固体，因为你的皮肤里存在着触觉感受器。比如，你的指尖就分布着数以百计的触觉感受器。它们承担着把刺激通过神经网络传输到大脑的任务，这样你才能分辨出不同的感觉：湿的、干的或者黏糊糊的。通过刺激的形式，大脑才能分析这些信息。

3.感觉也会骗人（难度：★☆☆☆☆）

你可以感觉出水的温度吗？

你需要

- 冷水
- 热水
- 冰块
- 3个碗
- 1条手绢

这样来做

- 往一个碗中装入热水——但是不要太热，以免烫伤。
- 往另外两个碗里装入冷水，并在其中一个碗里放入冰块。现在把一只手放进冰水中，另一只手放进热水中。大概一分钟以后，再把两只手都放到第三个装有冷水的碗里。

会发生什么

把手分别伸入冰水和热水中的时候，你可以准确无误地判断出哪个碗里装的是热水，哪个碗里装的是冰水。但是，当你把两只手都伸进第三个碗里的时候，估计碗里水的温度就不是那么容易了。对于那只从冰水里拿出来的手来说，现在水的温度比手的温度高很多，所以这只手向你“报告”：水是热的；对于那只从热水中拿出来的手而言，事情就正好相反，它向你“报告”：水是冷的。如果事先把眼睛蒙住，这个实验就会更有趣！

为什么会这样

我们全身的皮肤上有数不清的温度感受器，这些温度感受器可以向我们（更确切地说是向我们的大脑）“报告”，它们感觉到是冷还是热。但是这种感觉也可能欺骗我们。

现在这种情况下，你的大脑被搞糊涂了，不能继续准确地判断出水的温度。因为你的左手告诉你的大脑“水是热的”，而紧接着你的右手又告诉你的大脑“水是冷的”。这时，你的大脑就不知道该听谁的了。

4.太阳的威力（难度：☆☆☆☆☆）

杯子里的水和盘子里的水，哪一个能更快地被太阳晒热？

这样来做

- 分别往盘子和杯子（相同材质）里倒入100毫升水。
- 天气温暖晴朗时，把水放在室外阳光下。
- 大概两个小时以后，摸一下，哪个容器里的水更热一些。

会发生什么

盘子里的水更热一些。

为什么会这样

盘子里水的表面积比杯子里水的表面积大一些，因此盘子里的水就更容易被太阳晒热。在大自然中也有这样的情况，例如，小水坑里的水显然比大池塘里的水更容易被阳光晒热。

5.赛跑（难度：☆☆☆☆☆）

水在冰箱里蒸发得更慢吗？

你需要

- 水
- 2个小碟子
- 1柄汤匙
- 冰箱
- 暖气或者阳光

这样来做

- 在两个小碟子里装入等量的水（大概三勺）。
- 把装满水的小碟子一个放在冰箱里，一个放在阳光下或者暖气上。
- 第二天观察，两个小碟子里分别还剩多少水。

会发生什么

放在冰箱里的水，水量变化非常小。放在阳光下的水一会儿就变少了，一天以后，小碟子几乎都要被晒干了。

为什么会这样

水在空气中就会蒸发，也就是由液态转化为气态。当水受热时，蒸发的过程会更快。所以，放在低温的冰箱里的水蒸发很慢；而在阳光下或暖气上的水，因为受热，一天以后，水明显变少了，甚至已经完全蒸发了。

6.水——理想的集热器（难度：☆☆☆☆☆）

水能加热固体物质吗？

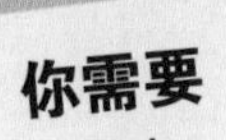

你需要

· 热水
· 2个瓷杯子

这样来做

- 从柜子里拿出两个杯子，你能感受到这两个杯子凉凉的。
- 往两个杯子里装入热水，用手捧着杯子。
- 现在，把其中一个杯子倒空，过几分钟后，再触摸一下两个杯子的外壁，比较一下两种感觉。

会发生什么

空杯子变冷了，装有热水的杯子仍然是温热的。

为什么会这样

那个空杯子虽然也被水加热过，但马上又变冷了。而过一段时间以后，另一个装有热水的杯子仍然是温热的，这是因为水有一个特性：可以很好地存储热量。

不管是在大自然中还是在科技领域，水的这个特性都让人们受益匪浅。

在大自然中，你可以找到最大的“集热器”——湖泊。原则上，湖泊是一个独立的巨大的“集热器”。虽然在夏天，水的温度上升得很慢（把这么多水加热的确不是一件容易的事），但直到入秋人们还是可以在湖水里游泳，这是因为湖水将热量存储起来了，即便外界的空气已经变冷了，湖水依然是暖的。

太阳能集热器以及热载体都利用了水的这个特性。太阳的照射能加热铜管里流动的水。暖气里的水蒸气可以运输热量，也反映了水的这个特性：能够存储热量。

7.水——很棒的制冷剂（难度：☆☆☆☆☆）

水和空气，谁的制冷效果更好？

请在大人监护下进行！

你需要

- 2个煮熟的鸡蛋（还是热的）
- 自来水
- 1柄汤匙
- 2个小碗

这样来做

- 请大人把两个鸡蛋煮熟。
- 往一个碗中装入冷的自来水，放一个鸡蛋进去。
- 另一个鸡蛋放进第二个碗里。五分钟以后，把两个鸡蛋拿在手里，再感受一下水的温度。

会发生什么

放在水里的鸡蛋，比另一个鸡蛋冷一些，而碗里的水却变热了一些。

为什么会这样

人们将物体可以吸热的能力称作比热容。水不仅是比热容最大的液体，而且吸热能力远远超过空气。所以，鸡蛋放在水里比在空气中冷得要快一些。

当汽车技术还没有这么先进的时候，特别是在夏天，人们经常会看到停在路边的汽车的发动机冒着烟。不过别害怕，汽车没有着火，但这也对汽车的制冷设备提出了要求。汽油在发动机里燃烧产生了热量，温度过高会损坏发动机。制冷设备的作用就是要让发动机的温度保持在正常的水平。

于是，人们就把水加入水箱，作为制冷剂。在制冷循环中，水吸收热量，汽车在行驶过程中，迎面的风再让水冷却下来。当仪表板上的红灯亮起来，就说明制冷设备中的水达到了一定的温度，这时候人们就必须把车停下来让发动机冷却。而现在，人们则在水箱里加入水基型防冻液，不仅有冷却作用，还有防冻功能。

8.魔法（难度：★★★☆☆）

水可以让东西消失不见吗？

你需要

- 食盐
- 米粒
- 水
- 2个杯子
- 1个茶勺
- 1个筛子
- 塑料的咖啡过滤器
- 滤纸

这样来做

- 在两个杯子里都装上大半杯水，在其中一个杯子里放入半勺食盐，另一个杯子里放入半勺米粒。
- 搅拌两个杯子里的液体，把食指伸入不同的杯子里，然后拿出来舔一舔，注意味道。
- 用筛子将米水过滤一遍。
- 用咖啡过滤器将盐水过滤一遍，并倒入另一个容器里。
- 把手指伸入过滤后的盐水中，舔一舔手指，注意现在是什么味道。

会发生什么

米粒在水中没有什么变化，水的味道也像以前一样（没有味道）。当人们过滤米水时，可以很轻易地把水和米粒分开。而撒入水里的盐粒很快就消失了。盐水过滤以后依然是咸的。

为什么会这样

食盐在水中消失不见，是因为盐粒溶解在水里，不管怎么过滤，食盐还是会在水里。而米粒是由淀粉和蛋白质构成的，这些物质几乎不溶于水，所以米粒是不会发生改变的，使用过滤器就可以很轻易地将它们分开。

9.舞动的水滴（难度：★★☆☆☆）

把水滴洒到平底锅上会发生什么？

请在大人监护下进行！

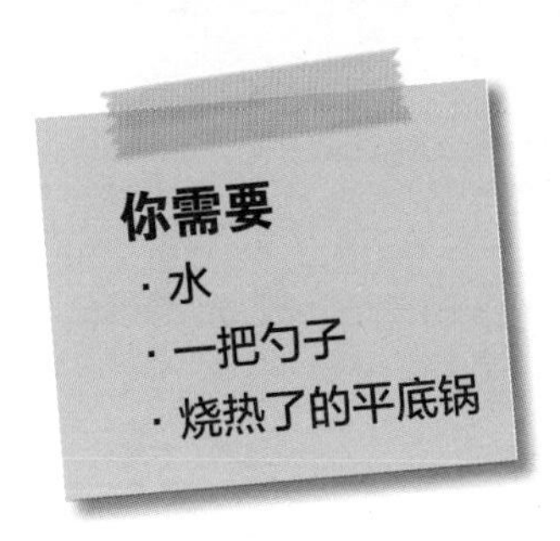

这样来做

- 在碗里装上水放在炉灶旁边。
- 请大人打开炉灶，加热平底锅。
- 把手伸进碗里，沾了水后将几滴水洒到烧热了的平底锅上。

会发生什么

水滴滴落到平底锅上并不是立刻蒸发了，而是先“跳”了起来。

为什么会这样

在一个标准大气压下，水温达到100℃时，水会沸腾并转化为气态的水蒸气，人们称这个温度为水的沸点。冷的水滴滴落到滚烫的平底锅上，在水滴接触到平底锅的一瞬间，水滴的温度立刻达到沸点——水滴的一部分蒸发了。这些水蒸气将水滴托起到一定的高度，因此水滴看起来就像在平底锅上来回跳动。当水蒸气飘走后，水滴又落到平底锅上，上述过程周而复始，直到水滴完全变为水蒸气蒸发掉。水是液体，它凝固以后就是冰，蒸发以后就是水蒸气（正如上面实验中所描述的那样）。水的这三种状态被人们称为物态。虽然地球上所有的物质都有它们的物态，但水是地球上唯一一种能在三种物态之间自发转化的物质。在水的物态转化中还有两个重要的概念——冰点和沸点，它们分别是液态水凝结成冰和液态水蒸发为水蒸气的临界温度。

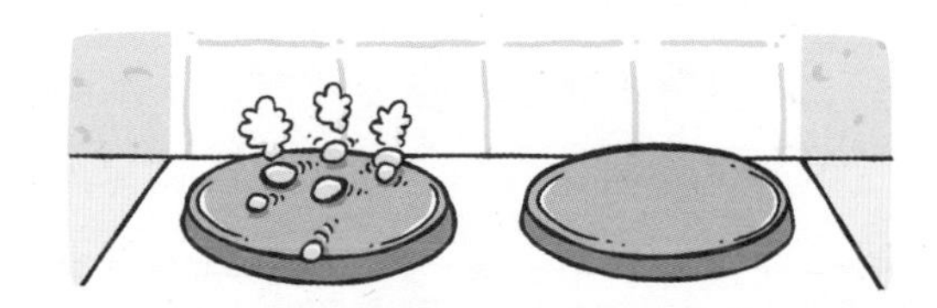

10.雪人更喜欢湿漉漉（难度：★☆☆☆☆）

衣服在0℃以下也能晾干吗？

你需要

- 湿的手绢
- 晾衣绳
- 晾衣架
- 寒冷的天气（温度在0℃以下）

这样来做

- 把湿的手绢用晾衣架挂在户外的晾衣绳上，时间是一整个晚上。
- 第二天早上看一下手绢是湿的还是干的。

会发生什么

虽然晚上没有光照，第二天早上手绢还是会干的。

为什么会这样

当气温低于0℃，湿手绢上的液态水会先凝固然后蒸发，也就是说手绢上的水先结成冰然后变成了水蒸气。这个实验告诉我们，水可以从固态，更确切地说是从结冰的状态直接变成气态。前提只有一个：空气要干燥。

由固态（冰）直接变成气态（水蒸气）的过程叫作升华。冬天你堆过雪人吗？你可能已经注意到了，当白天气温超过0℃时，雪人就会融化。但是到了晚上，即便户外真的很冷，也没有太阳照射，雪人还是会变小一些，这就是升华作用的结果。很显然，雪人一点也不喜欢升华作用，毕竟，谁会喜欢自己整夜地“缩水”呢？

11.水是变形金刚（难度：☆☆☆☆☆）

热水和冷水，哪个凝固得更快?

你需要

- 热水和冷水
- 2个纸杯
- 1支圆珠笔
- 温度在0℃以下

这样来做

- 用圆珠笔在两个纸杯的相同高度做上记号，并在上面分别写上“热”和“冷”两个字。
- 在写着“热”的杯子里倒入热水，在写着“冷”的杯子里倒入冷水，水量达到标记的高度。
- 把两个纸杯拿到0℃以下的户外，或者直接把它们放进冰柜里，观察半个小时，看看哪个杯子里的水先结冰。

会发生什么

热水比冷水更快地凝结成冰。

为什么会这样

这的确是一种神奇的现象。实际上，第一个发现这种现象的是坦桑尼亚的一个小学生伊拉斯托·姆潘巴（这个现象也被称为姆潘巴效应）。大约60年前，姆潘巴总是自己动手做他最喜欢的冰激凌，他先用热水来搅拌，等热水凉了之后，再放进冰柜里。不过有一次，他真的没有耐心等热水变冷，就直接放进了冰柜里，让他惊喜的是，冰激凌凝固起来所用的时间比以往还要短。

直到今天，对这种现象，科学家也没有给出完全合理的解释。

12.原子、分子和氢键（难度：★☆☆☆☆）

放大镜下的水和食盐是什么样的?

你需要

- 水
- 食盐
- 1个放大镜
- 1个深色的碟子

这样来做

- 在深色的盘子上撒几粒食盐，在食盐旁边滴上几滴水。
- 用放大镜观察食盐和水滴。

会发生什么

你会发现，食盐是一些棱角分明的微小颗粒。而水则在盘子上形成了一个光滑的圆形水滴。

为什么会这样

通常情况下，世界上所有的物质都是按照一定的规则组成的，而水却不是这样，我们称之为“水的异常”。这看起来很有趣。如果你想知道为什么水会有那么多神奇的特征，就必须以一个科学家的眼光来观察这个世界。

世界上的一切（桌子、汽车、飞机、人、星星……），都是由数不尽的小微粒——原子组成的。已发现的原子有一百多种：氧原子、氢原子、碳原子……这些名字可以列一个很长的清单。

原子可以聚集成原子团，也就是人们所说的分子。分子在很大程度上影响着物质的特性，比如受热是否融化，遇冷是否凝固，能否溶解在水里等，这些几乎都取决于分子。

化学家用很简单的方法来表示这些分子，用缩写让“分子积木”变得更简洁。一个最简单的例子就是水——H_2O。化学家称这个为水的化学式。

现在所有的科学家都知道H_2O代表什么，即水由两个氢原子和一个氧原子构成。化学家可以用化学式来区分地球上任何一种单独的物质。

水的特性与众不同，原因是构成水的分子很特别。这个由两个氢原子和一个氧原子构成的“魔力三角形”很不寻常，总是做些让人意外的事，你甚至可以这么说：水的确很顽劣不驯！

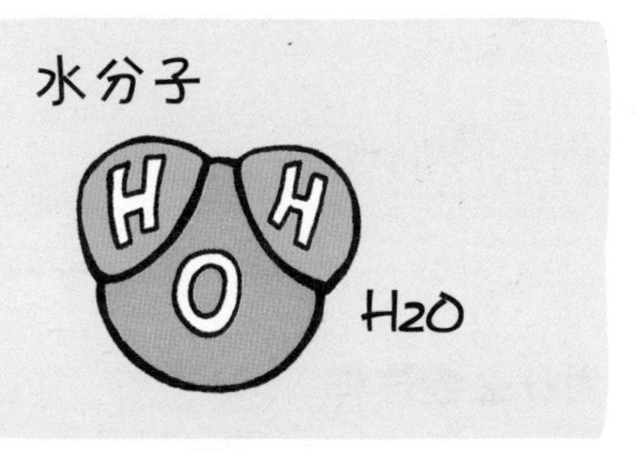

通过分析水分子的结构，我们可以明白一些现象。比如：为什么一些小虫子可以在水上行走？为什么海水里会有盐？为什么池塘里的水结冰了，里面的小鱼还能安然过冬？为什么冰会漂浮在水上面？……问题一个接着一个，无穷无尽，永远也问不完。

如果我们称两个水分子为分子1和分子2。分子1的氢原子会和分子2的氧原子建立一种“键”，通过这种“键”，许多水分子就会连接起来。它们建立起的这种稳定的联系，在化学上被称为氢键，氢键使水滴呈现出球形。

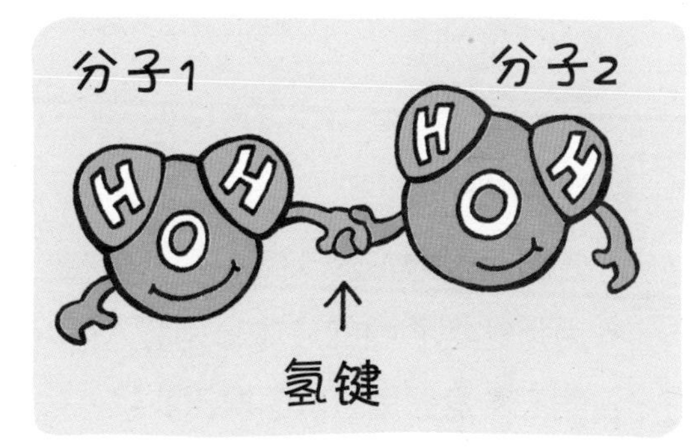

13.黏稠度世界锦标赛（难度：★☆☆☆☆）

所有的液体都能像水一样飞溅吗？

你需要

- 蜂蜜
- 枫树糖浆
- 水
- 油
- 4个盘子
- 1柄汤匙
- 1把小勺子
- 1个围裙

这样来做

- 先围上围裙。
- 用汤匙把不同的液体分别装入四个盘子里：第一个盘子里装两勺蜂蜜，第二个盘子里装两勺枫树糖浆……
- 用小勺子小心地敲打每种液体，观察会有什么不同的现象。
- 注意，每次都要使用干净的汤匙。

会发生什么

蜂蜜和枫树糖浆基本不会溅起来，小勺子也几乎要被粘住。油会溅起来一些，而水几乎全都溅起来了。

为什么会这样

用小勺子敲打液体时，就是给了液体压力。每种液体在受到压力时的表现是不一样的。

水相对简单，它向各个方向溅出去。实验中的其他液体就不那么“活泼”了，人们把这种特性叫作黏稠。

液体有多黏稠可以用黏稠度来衡量。水的黏稠度最低，蜂蜜最高。这是为什么呢?

液体的黏稠度与许多因素有关：温度、压力、单个分子间的吸引力以及分子的大小。温度越高，黏稠度越低。换句话说，液体越热，它的流动性就越好。有一个很好的例子能够证明这一特性：加热后的蜂蜜不再那么黏稠，而是变得稀薄。这是因为，单个分子之间的吸引力不再那么强大，蜂蜜分子的运动加快了。

14.快，更快，最快（难度：★☆☆☆☆）

蜂蜜可以溶解在水里吗？

你需要

- 2个冰块
- 蜂蜜
- 热水
- 冷水
- 2个小勺子
- 2个玻璃杯
- 1个小盘子

这样来做

- 在一个杯子里装入热水，另一个杯子里装入冷水。
- 在小盘子里放上两个冰块。
- 分别往装有热水和冷水的两个杯子里加入1/4勺蜂蜜。
- 在两个冰块上放上等量的蜂蜜。
- 用干净的勺子搅拌两个杯子里的液体。

会发生什么

黏稠的蜂蜜在冰块上几乎不溶解，在冷水中也只溶解了一小部分，在热水中却立刻溶解了。

为什么会这样

我们已经知道蜂蜜是一种黏稠度很高的液体（见实验13）。虽然蜂蜜是由水和糖组成的，但它不能溶解于冷水中。而水分了受热后运动加快，它们与蜂蜜分子之间的碰撞更加频繁，速度也更快了，本质上也就加速了与蜂蜜的混合。当然冷水中的水分子也是运动的，只不过没有热水中的水分子运动得快。冰块里的水分子则运动得更慢。因此它们与蜂蜜分子不发生碰撞，所以蜂蜜会保持黏稠。

15.豌豆惊魂（难度：★☆☆☆☆）

你能让豌豆跳起来吗？

你需要

- 干豌豆
- 水
- 1个玻璃杯
- 1个金属盖子（如饼干罐子的金属盖子）

这样来做

- 在玻璃杯里装满干豌豆。
- 往杯子里注入水，直到杯子被装得满满的。
- 把杯子放在金属盖子上，并把它藏起来（比如藏在妹妹的床下面）。

会发生什么

几个小时之后，豌豆膨胀起来，一颗接一颗地掉到金属盖子上，发出让人毛骨悚然的声音。

为什么会这样

豌豆的细胞膜是半透膜（只允许水等小分子物质通过），因此豌豆中的许多物质不能渗出来，而水却能渗进豌豆细胞中去——这个过程叫渗透。在有水的环境下，水会不断渗进豌豆中，把所有的空间都填满，致使豌豆膨胀起来。杯子变得越来越挤，最终豌豆“啪”的一声“跳”到杯子外面，因为杯子里实在是太挤啦！

16.弯曲的水流（难度：★☆☆☆☆）

水流会发生弯曲吗?

你需要

· 吹好的气球
· 盥洗池
· 人造纤维织的毛衣

这样来做

- 打开水龙头，让水流尽可能的小。
- 把吹好的气球在毛衣上摩擦几下，然后小心地靠近水流。
- 注意气球不要接触到水流。

会发生什么

水流向气球的方向发生弯曲。

为什么会这样

分子由原子构成，原子由更小的微粒构成，包括带负电荷的电子和带正电荷的质子。像磁铁的不同磁极相互吸引一样，原子中带两种不同电荷的微粒始终相互吸引。这就可以解释实验中的现象。

因为原子中电子和质子所带的电荷数是相等的，所以人们认为原子是不带电的。气球与毛衣摩擦，毛衣上的电子转移到气球上，气球上的负电荷增加。水流是由数不清的水分子组成的，即H_2O，而H_2O是由两个氢原子和一个氧原子构成的（见实验12）。原子的排布是这样的：氧原子带有更多的负电荷（负极），氢原子带有更多的正电荷（正极）。这样的分子被称为偶极子。在流动的水中，水分子（偶极子）相对自由地运动着。当带有负电荷的气球靠近水流时，水分子发生偏转，向水流表面聚集，正极呈现出向外运动的趋势。水分子的正极被气球上电子所带的负电荷（负极）所吸引，水流发生了偏转。

水分子的正极
带负电荷的气球

17.水作为溶剂（难度：★☆☆☆☆）

哪些物质可以溶解在水里？

你需要

- 沙子
- 花园中的泥土
- 面粉
- 柠檬汁
- 糖
- 自来水
- 1个咖啡过滤器
- 5个同等大小的杯子
- 1个小勺子
- 5个纸漏斗

这样来做

- 分别在五个杯子里装上半杯水。
- 在第一个杯子里放入沙子，在第二个杯子里放入花园里的泥土，在第三个杯子里放入面粉，第四个杯子里放柠檬汁，第五个杯子里放糖。
- 用干净的小勺子进行搅拌，观察杯子里的物质发生了什么变化。这些物质溶解在水里了吗？
- 把这些混合物依次通过咖啡过滤器倒入盥洗池里，仔细观察，每个过滤器里会残留下什么。

会发生什么

沙子、花园里的泥土、面粉虽然一开始与水混合在一起了，但最终还是沉淀在水底。进行过滤后，在过滤器里残留下一些固体颗粒，它们能与水完全分开。把柠檬水和糖水通过过滤器倒进盥洗池里，过滤器里什么也没有留下。

为什么会这样

水是一种出色的溶剂，许多物质都可以溶解在水里，形成溶液。而像沙子和泥土这类物质与水混合在一起，不能溶解，就形成了所谓的悬浊液。固态物质沉淀在容器底部，随时可以被过滤出来。

18.活泼微粒（难度：★☆☆☆☆）

你可以证明分子在水里是运动的吗?

你需要

- 自来水
- 食用色素或者墨水
- 1个玻璃杯

这样来做

- 把食用色素或者墨水滴进水里。

会发生什么

不需要搅拌，过一会儿，墨水（或色素）就分散开来，溶入水中。

为什么会这样

溶解是基于物质分子等的运动的后果。

就像我们已经观察到的那样，带颜色的色素或墨水分子的运动导致了它们在水中扩散，最终杯子里所有的水都被“着色”，两种液体彻底地融合在一起了。这个过程叫作扩散。人们会说，颜色在水里慢慢“散”开了。

19.糖 PK 方糖（难度：★★☆☆☆）

方糖能轻易地溶解在水里吗?

你需要

- 水
- 1块方糖
- 白砂糖
- 1个小勺子
- 2个杯子

这样来做

- 两个杯子都装上水。
- 在第一个杯子里加入一块方糖，在第二个杯子里加入半勺白砂糖。
- 搅拌两个杯子里的水。

会发生什么

白砂糖溶解得更快。

为什么会这样

白砂糖晶体之间的吸引力不是特别强，与水的接触面积更大，所以它们与水分子可以轻易地相互吸引。这种运动用肉眼看不见。

而方糖晶体之间的联系十分紧密，所以水分子不能轻易地从外部渗入到方糖的糖分子之间。也就是说，在某种程度上，水分子进入到方糖核心的速度是很慢的，这会耗费很多时间。

20.糖喜欢温暖（难度：★★☆☆☆）

热水可以更轻易地溶解糖吗？

你需要

· 水
· 1个冰块
· 2块方糖
· 2个杯子

这样来做

- 往第一个杯子里倒入冷水，再加入一块冰。
- 往第二个杯子里倒入热水。
- 在每个杯子里各加一块方糖。

会发生什么

热水中的方糖溶解得更快。

为什么会这样

水和这个世界上的许多物质一样，都有一个特性：当温度升高时，分子会变得更加活泼。水分子运动的速度越快，糖分子溶解得就越快。在热水中，这个过程能够更快地进行。

通过加热，液体的溶解性也变得更好了，有些物质甚至只能溶解在热水中。

21. “狡猾”的水分子（难度：★★☆☆☆）

当食盐溶解在水中时会发生什么呢?

你需要

- 纸
- 1支蓝色水彩笔
- 1支红色水彩笔
- 1把剪刀

这样来做

- 在纸上画四个蓝色的圆形和四个红色的方形，用剪刀把它们剪下来。
- 把四个红色的方形拼在一起，拼成一个大的方形。
- 把蓝色的圆形放在大方形的四个角上，从四个角向里推蓝色的圆形，直到里面的四个红色的小方形因受力而分开。

会发生什么

大的方形代表食盐晶体，蓝色的圆形代表水分子。水所做的，就是将牢固联系在一起的食盐晶体彼此分开，这样水分子和食盐分子就相互混合在一起了。

为什么会这样

盐分子和水分子（食盐和水）不断地运动，形成溶液。这种溶液由溶解液水和溶解质食盐组成。

22.“贪吃”的盐水（难度：★★☆☆☆）

一杯水究竟能溶解多少食盐？

你需要

- 10勺食盐
- 10勺沙子
- 热水
- 1支笔（可以在玻璃杯上画上颜色）
- 2个杯子
- 1个小勺子

这样来做

- 往两个杯子里分别倒入三分之二容量的热水，依据水面的高度，用笔在玻璃杯上做上记号。
- 在第一个杯子里加入沙子，第二个加入食盐，然后不停搅拌。

会发生什么

沙子沉在水底，水平面上升。食盐完全溶解在水里了，水平面几乎没有发生任何变化。

为什么会这样

水分子之间存在着很多空隙，食盐分子在某种程度上可以钻进这些空隙里，却不占据更多的空间，所以水面没有升高。

而沙子的分子之间联系十分紧密，水分子不能把它们分解开，所以沙子沉在水底，水面升高。

如果想把这个实验更深入地做下去，就可以试着去发现，在水面高度不发生变化的前提下，这样一杯水究竟能溶解多少食盐。用肉眼观察到食盐在水底出现结晶时，就意味着这杯水不能继续溶解食盐了。这时的盐水就达到所谓的“饱和”状态了，科学家把这种溶液叫作食盐的“饱和溶液”。

23.糖的戏法（难度：★★★☆☆）

被溶解的糖还能变出来吗？

你需要

- 热水（335毫升）
- 糖（454克）
- 1个果酱瓶子
- 1支长铅笔
- 细绳子（20厘米）
- 1个小勺子
- 1个量杯

这样来做

- 往果酱瓶子里倒入热水。
- 往水里加一勺糖，搅拌至糖完全溶解。
- 把细绳子系在铅笔上，把铅笔放在果酱瓶口上，让细绳子落入水中。
- 把瓶子放置几天。

会发生什么

一小部分水蒸发了，在绳子和瓶子的侧壁上出现了糖的结晶。

为什么会这样

当水和糖混合在一起时，水分子渗入糖分子之间。

我们一般使用热水来溶解糖，因为热水中水分子的活动性更强，溶解的过程更快。当你把瓶子放置几天以后，不仅瓶子里的水蒸发了一部分，绳子上的水也蒸发了一部分。

那糖分子怎么样了呢？它们从原本所在的地方重新析出来了。位置靠近的糖分子重新聚集在一起，形成了晶体——糖结晶。那些本来消失了的糖，像被施了魔法一样，又重新出现了。

24.鱼儿也要喘气（难度：★☆☆☆☆）

春夏季实验

空气可以溶解在水中吗？

你需要

- 自来水
- 1个杯子

这样来做

- 在杯子里装入自来水，在房间里静置一刻钟。

会发生什么

杯子的侧壁上出现了许多小气泡。

为什么会这样

水中含有空气。杯子里水的温度比室温低，放置一会儿之后，水中的空气就会以小气泡的形式从水里冒出来。冷水比热水能够溶解更多的空气（气体），你可能已经注意到了，热碳酸饮料里的气泡更容易跑掉（见实验26）。

在炎热的夏天，浅浅的池塘、湖泊或慢慢流淌的小溪很容易被太阳光晒热，水中溶解的气体（氧气）就会跑掉一部分，并以气泡的形式上升到水面，水中的氧气就减少了。鱼儿用鳃过滤溶解在水里的氧气，但是水越热，鱼鳃的负担就越大。如果水中的氧气太少，鱼儿就会窒息而死。

25.热水（难度：★★★☆☆）

当水被加热时会发生什么？
请在大人监护下进行！

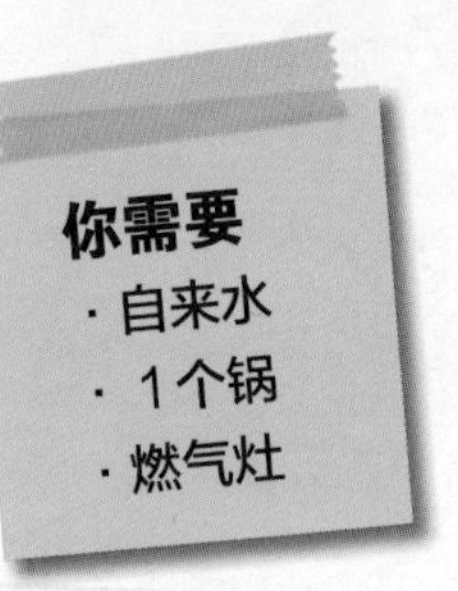

这样来做

- 在锅里装上自来水，放在燃气灶上，打开开关加热。
- 注意观察，锅里发生了什么。（谨防烫伤）

会发生什么

一开始，气泡从锅底上升到水面，然后爆开。随着温度的升高，更大的气泡产生了，水也开始沸腾，锅上面产生了许多热气。

为什么会这样

水分子不停地运动。当水被加热后，水分子变得更加活泼。因为锅底首先受热，所以位于锅底的水也就先被加热了，加热了的水向上升，因为热水的密度比冷水小（见实验54）。现在热水层和冷水层是相互交替的，直到所有的水都被加热到相同的温度。这些上升的气泡由空气组成，原本就蕴含在自来水中。通过加热，水中的空气膨胀起来。如果继续加热锅中的水，锅底就会出现一些大气泡，它们上升到密度较大的冷水层中，受到挤压，在上升到水面之前就爆开了。这些气泡越来越多，后来它们会在到达水面时才爆开。

水有沸点，在温度达到沸点时，水分子的活动十分快速，很快就变成气体形态蒸发了。

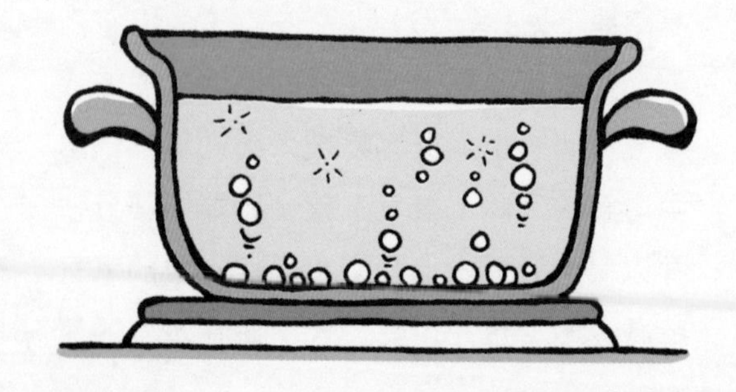

26.碳酸饮料里的气泡（难度：★☆☆☆☆）

碳酸饮料里的气泡是从哪里来的?

你需要

- 矿泉水或者自来水
- 碳酸饮料
- 2个杯子

这样来做

- 在一个杯子里装入碳酸饮料，另一个装入矿泉水或者自来水。
- 把两个杯子并排放在桌子上，观察它们有什么不同。

会发生什么

碳酸饮料里有许多小气泡，从杯子底部上升到表面。在矿泉水或者自来水中没有或者只有很少的气泡。

为什么会这样

碳酸饮料主要是由矿泉水和二氧化碳制成的。二氧化碳与水分子结合形成碳酸，在受到压力的情况下，被装入瓶中，然后立即封口。压力越大，就会有越多的二氧化碳被压入到瓶中，水中就有更多的碳酸。当你打开碳酸饮料瓶时，瓶内的压力减小，这些气体就以许多小气泡的形式出现，而且随着瓶子的打开，还会发出“呲呲”的声音。

27.透明的冰块（难度：★★★☆☆）

冰里面也会有气泡吗？

请在大人监护下进行！

你需要

- 新鲜的自来水
- 1个保温瓶
- 2个标签贴
- 2个喝茶的铝制杯子
- 1支水彩笔
- 保鲜膜
- 放大镜

这样来做

- 请大人把自来水加热（时间为2~3分钟）。然后将水冷却，倒进一个保温瓶里，并盖紧盖子。
- 在标签上分别写上“自来水”和“煮过的水”，分别贴在两个空的铝制茶杯外壁上。在贴有“自来水”的茶杯里装入自来水，在贴有“煮过的水”的茶杯里装入之前保温瓶中准备的水。
- 在两个杯子上小心地覆盖上保鲜膜，并在冰箱的冷冻层里放一夜。
- 从冰箱里把两个杯子拿出来，取出冰块，用放大镜来观察。

会发生什么

由煮过的水凝固而成的冰块比自来水凝固成的冰块的透明度更高一些，自来水凝固成的冰块中间似乎有一些“浑浊物”，用放大镜来观察，就会发现这是一些气泡。

为什么会这样

在被煮过的水中，只残留下很少的气体。而冷的自来水中含有更多的气体（空气）。用保鲜膜将杯子密封保存，外界的空气不能进入。因此，煮过的水凝固而成的冰块透明度很高，而自来水凝固而成的冰块中却含有许多气泡。

28.交换场地（难度：★☆☆☆☆）

为什么把一个装满水的瓶子倒空需要那么长时间?

你需要

- 水
- 1个塑料瓶
- 1根吸管
- 盥洗池

这样来做

- 在塑料瓶里装满水。
- 把塑料瓶倒过来，将瓶中的水倒出来。
- 观察瓶中的水。
- 在塑料瓶里重新装满水，插进一根吸管。
- 把塑料瓶倒过来，用手固定住吸管，将瓶中的水倒出来。

会发生什么

塑料瓶里没有吸管时，瓶中的水断断续续地从瓶中流出来。那种奔涌的样子似乎是水在流出来时受到了什么阻碍，有一些气泡从瓶口上升到瓶身中。而在塑料瓶中插一根吸管，水被倒出来时，速度更快也更均匀。

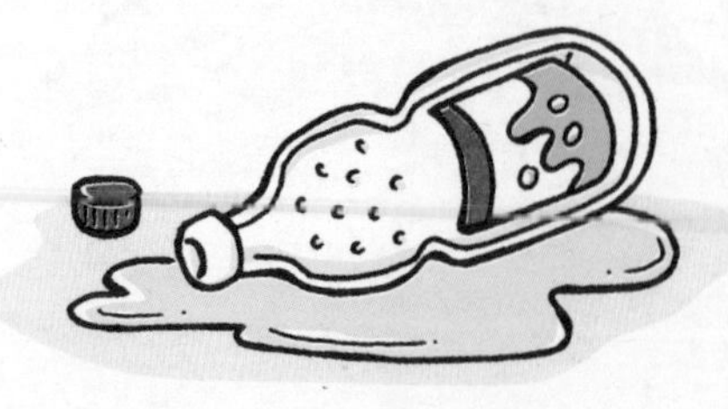

为什么会这样

一个空瓶子实际上不是真空的，而是充满了空气。人们在往瓶子里装满水的时候，就把瓶子里的空气挤压了出来。而把瓶子里的水倒出来，水流出来的同时，流动的空气再次进入瓶中，填补空位。水和空气交换场地。而吸管让空气进入瓶子的道路更加通畅，速度也更快。水和空气就不需要一步步地交换场地了，而可以同时完成。所以，插入吸管的瓶子更容易被倒空，更确切地说是更容易被空气填满。

29.牢牢地粘住（难度：★☆☆☆☆）

水可以像胶水一样吗?

你需要

- 2个杯子
- 2张明信片
- 4枚一元的硬币

这样来做

- 在一个杯子里装满水。
- 把明信片分别放在两个杯子上。

会发生什么

分别在明信片的一端放上两枚硬币，空杯子上的明信片掉下来了，而那个装满水的杯子上的明信片却没有掉下来，就好像粘在了杯子上。当再继续放上更多的硬币时，明信片会突然掉下来。

为什么会这样

一般情况下，如果不同的物质相互“粘”在一起，是附着力在起作用（见实验30）。所以在水和明信片之间，分子与分子相互吸引。但这并不意味着水就是胶水。因为一旦水蒸发了，所谓的“胶水”就没有效力了。

附着力在日常生活中随处可见：墙上的灰、黑板上粉笔的痕迹、有些蜘蛛可以吸附在窗户玻璃上、水滴落在窗户玻璃上而不会掉下去，等等。

30.荷叶效应（难度：★★☆☆☆）

为什么有些东西遇水会变湿，有些却不会？

你需要

- 水
- 玻璃杯
- 食用油
- 1支滴管
- 1个棉棒

这样来做

- 把玻璃杯口朝下放在桌子上。
- 用滴管吸一滴食用油，滴到杯子底部，用棉棒把油均匀地涂抹在杯底的一半区域，注意不要涂抹到杯底另一半区域。
- 用滴管在杯底的两半分别滴一滴水。

会发生什么

在没有油的那半边，水滴会延展得很平，而在有油的那半边，水滴却呈球形。

为什么会这样

水滴的形状和两种不同的力有关，即：内聚力和吸附力。

水能够轻易地和别的物质产生联系。在我们的实验中，水分子与玻璃之间的吸附力很强，这会让水滴向四周延展开来，显得比较平。而在水和油之间，吸附力却比较小。

因此，当水滴在油面上时，水滴可以保持自己的形状，从某种意义上讲，是水分子把自己包裹起来了。同时，水分子之间的内聚力是很大的，所以水滴可以保持球形。

在自然界中，有些生长在水中的植物，如荷花的叶子上就有一层特殊结构的物质。这层物质可以阻挡水进入叶子内部。不仅是水，还有灰尘和污秽都被阻挡在叶子之外。因为叶子表面的吸附力是非常小的，所以水不能进入叶子内部。而水分子之间的吸附力是非常强的，所以水会以水滴的形式滴落下来。

科学家正在尝试着利用这种荷叶效应，来发展表面污垢隔离技术。你可以设想一下，如果有一辆永远都不会脏的车，那不是很棒吗？

31.灌溉设备（难度：★★☆☆☆）

哪一种材料可以帮助水向上运输呢，是布料还是金属？

你需要

- 水
- 2个杯子
- 1个盒子
- 1根布带
- 1条金属链

这样来做

- 把空杯子放在盒子上。
- 在另一个杯子里装入自来水，放在盒子旁边。
- 把金属链和布带的一端放在空杯子里，另一端放在装有水的杯子里。

会发生什么

水顺着布带滴落到空杯子里，而不能顺着金属链“跑”过去。

为什么会这样

水分子能渗透进布料，将布料上细小的空隙填满，水就能克服自身的重力“跑”到布带上。而链子是由金属制成的，所以水在链子上找不到空隙“跑”上去。

水可以在细小的空隙中扩散，这个特性叫毛细作用。而这种水在里面可以上升的、又窄又长的缝隙和吸管被称为毛细管。水分子之间的黏合力被称作内聚力。两种不同物质接触部分分子之间的相互吸引力（如液态的水和固态的玻璃壁）被称作附着力（见实验30）。当内聚力比附着力小的时候，水就可以顺着狭窄的空间（管子、缝隙等）向高处“走”。空间越狭窄，水就能“走”得越高。

在自然界中，我们可以看见许多毛细作用的例子，比如，植物可以通过毛细作用把水由根部向上运输到花和叶子里。

32.变色的花（难度：★★☆☆☆）

白色的花可以被染成别的颜色吗？

你需要

- 1朵新鲜的白花（如玫瑰或者丁香）
- 水
- 1个杯子
- 墨水

这样来做

- 在杯子里装入水，再滴入几滴墨水，把花插进去。
- 一个小时后，观察这朵花有什么变化。

会发生什么

花瓣慢慢地变色了——变成了墨水的颜色。

为什么会这样

花茎中有一条通畅的管道（见实验31），在这条管道的帮助下，水（墨水）可以被运输到花瓣上，逐渐花瓣也就染上了墨水的颜色。

33.五彩缤纷更美丽（难度：★★☆☆☆）

花可以同时被染上两种颜色吗？

请在大人监护下进行！

你需要

- 1朵白色的花
- 水
- 2个杯子
- 红色和蓝色的墨水

这样来做

- 请大人把花的茎剖成两半。
- 在两个杯子里分别装入红色和蓝色的墨水。
- 把花插到杯子里，一半花茎插入红墨水里，一半花茎插入蓝墨水里。

会发生什么

几个小时以后，花瓣被染成了红色和蓝色。

为什么会这样

这两种不同颜色的墨水都可以通过花茎中的管道被运输到花瓣上。

34.水滴测试（难度：★★☆☆☆）

水滴可以被一根针刺破吗？

这样来做

- 把手伸进水中，然后小心地在盘子上滴一滴水。
- 拿一根大头针去扎这个水滴。

会发生什么

虽然大头针扎进了水滴里，但水滴的形状却没有改变。

为什么会这样

水滴中的水分子像磁铁一样相互吸引在一起，原因就在于氢键之间的紧密联系（见实验12）。

这种吸引力使水滴呈现出球形，也使水滴具有了一些其他的特性。例如：水滴的表面就像是有弹性、不易被破坏的皮肤，即使你用大头针来扎它也不会破。水的这种特性叫作“表面张力”。

如果水凝固或者蒸发了，又会是什么情况呢？

水在气体状态时，单个的水分子之间不能紧密地联系在一起。在某种程度上，这些水分子独立地存在于空气中。

液体状态时（温度在0℃至100℃之间），水分子通过氢键相互联系。

固态时，水分子的运动相对稳定，这时，它们结成稳定的晶体，一旦冰融化成水，这种牢固的联系就消失了。

35.非凡的阅读辅助器（难度：★★★☆☆）

水可以变成放大镜吗？

你需要

- 1张厚纸板
- 透明的塑料薄膜
- 1把剪刀
- 1张报纸
- 透明胶带

这样来做

- 从厚纸板上剪下一个放大镜的形状，在空着的圆洞上贴上塑料薄膜。
- 在塑料薄膜上滴一滴水，把这个“放大镜”靠近一张报纸，看一下，你会发现什么。

会发生什么

报纸上的字母放大了，这滴水竟然可以当放大镜来用。

为什么会这样

回忆一下水滴测试（见实验34）。你已经知道了，水滴是不容易被戳破的，因为水分子之间有强大的吸引力。正是因为氢键的存在，水滴才能保持球形。这种表面张力不仅能将水滴聚集在一起，而且使水滴保持凸起的状态。而这和放大镜的工作原理是一样的。表面张力的存在使得有些虫子可以在水面上行走，也使得大头针和回形针都戳不破水滴。因为表面张力，即便水杯满满的，也可以再倒进去一些水而不会马上溢出来。

36.“贪得无厌”的杯子（难度：★☆☆☆☆）

装满水的杯子还可以继续装东西吗？

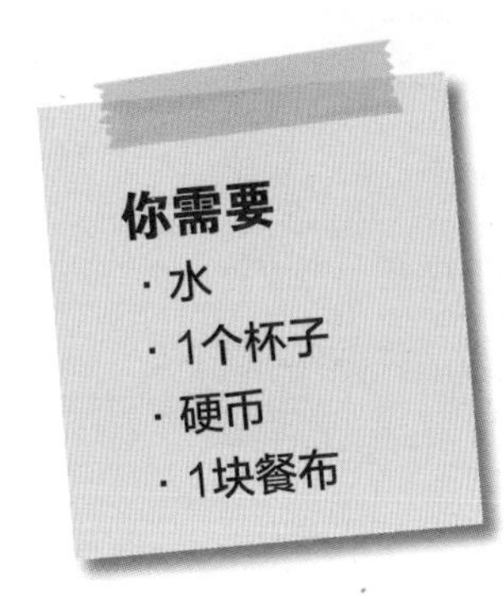

这样来做

- 把餐布铺在桌子上，然后把杯子放在餐布上。
- 在杯子里装满水，把硬币一个一个小心地放进杯子里。

会发生什么

虽然杯子已经被水装得满满的，但当我们放进几枚硬币时，水并没有溢出来。如果从杯子的一侧来观察，我们就会发现，在水平方向上，杯子上拱起了一座“水山”。

为什么会这样

水分子之间相互吸引。水表面的水分子紧紧地靠在一起，有一种相互吸引的力，硬币虽然在杯子中占据了一定的空间，但因为水分子之间的这种张力，所以在杯面上就出现了一层“水皮”。因此我们会观察到水面呈拱形。

37.会游泳的回形针（难度：★★★☆☆）

回形针能在水面游泳吗?

这样来做

- 在水盆或者碗里装满水。
- 用镊子夹着回形针放在水面上，注意要水平地放在水面上。

会发生什么

回形针漂浮在水面上。

为什么会这样

回形针能漂浮在水面上是利用了水的表面张力，这是我们已经知道的。也就是说，回形针水平地漂浮在位于水和空气之间的那层“水皮”上。

再试一下，在“水皮”不被撕裂、回形针可以漂浮在水面上的前提下，你可以在水面上放多少枚回形针。

我们已经知道，许多东西都可以在水面上漂浮。比如，秋天掉到池塘里的落叶，必须用网把它们打捞起来。可能你也注意到，夏天有一种虫子摆动着细长的腿，可以在水面上快速移动。这种虫子十分轻，轻到可以被水托起来。

请你想一想：当你把一滴洗洁精滴进水里时，会发生什么？（见实验38）这时候，回形针还能漂浮在水面上吗?

但是请注意，重达数吨的轮船可以在水上航行，并不是因为水的表面张力。轮船航行是利用了另外一种科学原理。

38.胡椒粉（难度：★★☆☆☆）

胡椒粉可以在肥皂水中漂浮吗？

你需要

- 水
- 胡椒粉
- 1个杯子
- 洗洁精

这样来做

- 往杯子里倒入水，在水面上撒点胡椒粉。
- 在杯子里滴一滴洗洁精。

会发生什么

一开始，胡椒粉均匀地散落在水面上，加入洗洁精后，胡椒粉迅速向杯子边缘移动，继而形成一个球，并沉到水底。

为什么会这样

由于水的表面张力，胡椒粉可以漂浮在那层薄薄的“水皮”上。而洗洁精由许多不同的分子组成，它们与水分子之间相互吸引。因此水的表面张力明显减小，那层薄薄的“水皮”也就被破坏了。

39.请用肥皂（难度：★☆☆☆☆）

人们为什么需要洗涤用品？

你需要

- 水
- 1勺洗洁精或者1勺洗发露
- 几滴果汁、沙拉酱、芥末、果酱、油
- 1个杯子
- 1个带盖的杯子
- 零碎的布料

这样来做

- 在两个杯子里都倒入热水。
- 往有盖的杯子里倒入洗涤剂并盖上盖子，使劲摇晃直到产生许多肥皂泡。
- 在布料上滴上几滴果汁、沙拉酱、芥末、果酱和油。
- 把弄脏了的布料分别放在清水和有肥皂泡的水中。

会发生什么

脏布料在加有洗涤剂的水中很快就变干净了。

为什么会这样

洗洁精、洗发露和肥皂中含有一种有去污效力的物质，这种物质被称为表面活性剂。它可以降低水的表面张力，从而溶解水中的污渍。

我们也可以这样说，水对那些油渍或者其他油腻腻的脏东西根本没有兴趣。这个时候表面张力就起了作用：水分子和脏东西的微粒根本不相溶。

但是这时候，“狡猾”的洗涤剂带着它的表面活性剂来了。不管是肥皂还是洗洁精都是由分子组成的，这些分子有一个显著的特点：既有亲水性的一面也有疏水性的一面。你也可以说，有的活性分子喜欢水，有的活性分子不喜欢水。

就像实验中看到的那样，活性剂中疏水性的那一面与污垢的微粒相互吸引，亲水性的特点又让活性剂与水分子相互联系起来。把衣物放进肥皂水里，那些污垢微粒就会溶解，然后混到水中。

表面活性剂也被叫作水和污渍之间的“中间人”。

40.超级肥皂泡（难度：★★☆☆☆）

你能自己做出肥皂泡吗?

你需要

· 水
· 1勺洗洁精
· 1小撮糖
· 1根吸管
· 1个杯子

这样来做

- 在杯子里装上半杯水，加入洗洁精，然后搅拌。
- 再向杯子里加入一小撮糖。
- 把吸管插进水里，并向水里吹气。

会发生什么

出现了一些闪闪发光的小肥皂泡，过了好一会儿，这些肥皂泡才破裂。

为什么会这样

当你用吸管在自来水中吹气，也能产生一些小气泡，但是这些气泡立刻就消失了，因为这些小气泡的“水皮”非常脆弱。而洗洁精中的活性分子却能使小气泡的“水皮”更有弹性，使它能更好地维持球形，所以肥皂泡不容易破碎，并且能被吹得很大。

在肥皂水中加糖能使气泡维持得更久一些。这是因为，糖会使水变得更黏稠，不会那么容易蒸发。所以气泡也就能“活”得更久，不会那么快就破裂。

科学家牛顿曾经做过一个令人惊讶的肥皂泡色彩实验。这些闪闪发光的小肥皂泡如何维持形状呢？虽然你看不到，但是每一个小肥皂泡都是由三层组成的：最里面是一层活性剂分子，中间是一层“水皮”，外面再包裹一层活性剂分子。当光照射在肥皂泡上时，光线不仅在外层反射也在内层产生反射，所以肥皂泡上就会出现彩虹般的光彩。而且这些分子还在不停地运动，让肥皂泡显得闪闪发光。

补充一下：即使肥皂泡没有遇见任何障碍物，它的“寿命”也是有限的。因为两层活性剂分子层之间的水层缓慢地向下流动，肥皂泡上面的水层越来越稀薄，并且慢慢蒸发掉。最后的结果就是：肥皂泡碎了。

41.火柴快跑（难度：★☆☆☆☆）

火柴里有一个发动机吗？

请在大人监护下进行！

你需要

· 水
· 火柴
· 盥洗池或者碗
· 肥皂

这样来做

- 在盥洗池或者碗里装上水。
- 请大人在火柴的尾部刻一条凹痕，再切下一小块肥皂。
- 在凹槽里填上肥皂，然后把火柴放进水里。

会发生什么

火柴在水面上飞奔了一会儿。

为什么会这样

在火柴的尾部，肥皂吸引了一部分水分子，使这里的水的表面张力减小了。而在火柴的前部，水分子的表面张力并没有改变，它们对于火柴的吸引力一如既往。

过了一会儿，等肥皂完全溶解在水里以后，火柴也就不再飞奔了。

42.洗洁精是中间人（难度：★☆☆☆☆）

怎样才能让水和油混合在一起？

你需要

- 水
- 食用油
- 洗洁精
- 1个杯子
- 1柄汤匙

这样来做

- 用杯子装半杯水。
- 向水中倒点食用油，并用汤匙加以搅拌。
- 过几分钟后，向水中滴几滴洗洁精。

会发生什么

不管怎么用力搅拌，油总是浮在水的上面。当我们把洗洁精滴入水中时，油和水才能真正混合在一起，产生一种乳白色的液体。

为什么会这样

水和油有不同的特性：油的密度比水小，所以可以浮在水面上。水鸟在自己的羽毛上抹上一点油，就可以防止羽毛沾水。

如果想把水和油混合在一起，就必须要“智取”。我们需要一种可以作为“中间人”的物质——乳化剂。在我们的实验中，洗洁精就充当着乳化剂的角色，它能使水和油混合在一起。人们把这种混合物叫作乳浊液。

在我们的日常生活中，也有其他的乳浊液。你喜欢喝牛奶吗？其实牛奶也是一种乳浊液！牛奶中的很大一部分是由水和脂肪组成的，牛奶中所含有的一种天然乳化剂使水和脂肪很好地溶解在一起。

43. "活泼"的墨水（难度：★☆☆☆☆）

在水里，墨水和油有什么不同?

你需要

- 水
- 食用油
- 1个杯子
- 墨水

这样来做

- 在杯子里装上食用油，使油覆盖杯底。
- 再倒入半杯自来水。
- 把杯子放在桌子上，等待几分钟。
- 在杯子里滴四滴墨水。

会发生什么

水在下层，油在上层。墨水穿过上面的油层，进入水层，并逐渐沉入水底，水被染色。

为什么会这样

食用油和水分子的结构相差很大，所以它们不能互溶。墨水虽然可以溶于水中，却不能溶于油中。所以墨水保持滴状穿过油层，进入水层后才溶解。

44.糖的抉择：水还是油（难度：★★☆☆☆）

糖在水中容易溶解，还是在油中容易溶解?

你需要

· 6汤匙水
· 5汤匙食用油
· 2块方糖
· 2个小碗

这样来做

• 在一个碗里装入水，另一个碗里装入油。
• 分别在两个碗里各放进一块方糖，让水和油把方糖完全浸没，等待5分钟。

会发生什么

方糖在水中慢慢溶解了，而在油中完全不能溶解。过一会儿，油中的方糖逐渐冒出了一些小气泡。

为什么会这样

糖分子含有亲水基团，与水分子结构相似，因此糖分子可以毫无阻碍地溶解在水中，形成糖溶液。

然而，对于油来说，就有点不一样了。油分子完全不能溶解糖分子——方糖也就保持着它原来的形状。但由于油把方糖完全浸没了，油就进入了方糖中的空隙。所以，之前存在于这些空隙中的空气就被油所取代，而空气则以小气泡的形式冒出来，但糖还是不能被溶解。

45. “酸水” （难度：★☆☆☆☆）

醋能溶解在油里吗?

你需要

- 水
- 醋
- 食用油
- 2个杯子
- 1个勺子

这样来做

- 在一个杯子里装入两勺水，在另一个杯子里装入两勺油。
- 分别在两个杯子里各加入一勺醋，并进行搅拌。
- 把手指头伸进两种液体里，舔一下手指，尝尝什么味道。

会发生什么

醋完全溶解在水里，而油里面的醋则还是成滴状沉在杯底。这两种液体尝起来都有一点酸。

为什么会这样

食用醋是溶于水的，它本身也含有水。醋本身不能溶解在油里，因为油分子和醋分子有着完全不同的特性。

46.帮助——锈和盐（难度：★☆☆☆☆）

铁生锈需要多长时间？

请在成年人监护下进行！

你需要

- 工业酒精
- 食盐
- 1个杯子
- 1柄汤匙
- 铁丝球
- 卫生纸（白色）

这样来做

- 请一个大人把铁丝球放在工业酒精中脱脂，再用卫生纸把它擦干。
- 在杯子里装上水，加一小撮盐，让盐完全溶解在水里。
- 把一团干燥的脱脂铁丝球放在盐水里，静置几分钟。
- 在桌子上多铺几张卫生纸，取出铁丝球，放在卫生纸上。

会发生什么

几分钟以后，卫生纸上出现了一些锈斑。

为什么会这样

盐加速了铁锈的形成。脱脂的铁在短时间内与水和氧气反应，形成了红色的氧化铁（见实验47）。

47.锈的比较（难度：★★☆☆☆）

长期实验

水能让所有的材料都生锈吗？

你需要

- 5个试管（最好有支架和软木塞）
- 3根铁钉
- 砂纸
- 1根粗线
- 塑料叉子的一个锯齿

这样来做

- 用砂纸打磨铁钉，把铁钉上的铁锈打磨掉。
- 在其中的三个试管中各放入一根铁钉，在第四个试管中放入塑料叉子的锯齿，在第五个试管中放入粗线。
- 第一个试管不加水，第二个加满水，第三个加满水并用软木塞堵住试管口。
- 在装有塑料叉子锯齿和粗线的试管里也装满水。
- 将试管放置1至3周，观察是否有铁锈产生。

会发生什么

两根浸泡在水中的铁钉生锈了，没有塞软木塞的那个试管里的铁钉锈得更厉害一些。塑料和粗线没有生锈。

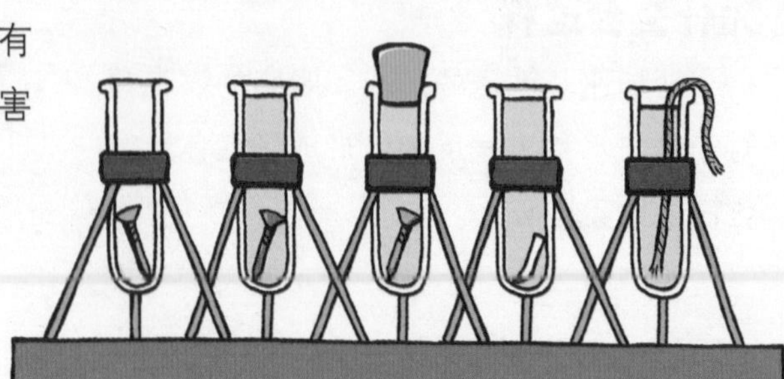

为什么会这样

空气中78%是氮，21%是氧。当铁与空气接触时会发生化学变化生成一种新的物质，人们称其为锈。当铁与水接触时，更确切的是与高度潮湿的空气接触时，生锈的过程就更快了。在没塞软木塞的试管里，空气中的氧气能更容易溶解在水中，所以也相应比封闭试管中的铁钉更容易生锈。绳子和塑料中不含铁（或者其他的金属），所以就不会生锈。

在空气湿度小的国家里，几乎不会因为生锈而带来损失。人们把生锈的过程叫作氧化。在这个过程中，铁会和氧发生化学反应。

48.可乐——最好的防腐剂（难度：★★☆☆☆）

除了用砂纸打磨还可以怎样除去铁锈？

你需要

- 可乐
- 水
- 2根生锈的铁钉
- 2个杯子

这样来做

- 在第一个杯子里装入水，在第二个杯子里装入可乐。
- 分别在每个杯子里各放入一根生锈的铁钉。
- 让铁钉在液体中浸泡几个小时，在实验结束时倒掉两个杯子里的液体。

会发生什么

可乐里很快就出现了一些小气泡，钉子上的铁锈逐渐被溶解了，可乐的颜色也变得更深了，一些铁锈漂浮在可乐里，钉子变成了深绿色，但是铁锈消失了。水中的铁钉则继续生锈。

为什么会这样

可乐中除了糖和碳酸以外，还包含能蒸发的磷酸。磷酸可以去除铁锈，并且阻止生锈的过程。其实，人们在商店里买的除锈剂中也含有磷酸。

49.防锈（难度：★★★☆☆）

长期实验

你能防止水中的铁钉生锈吗？
请在大人监护下进行！

你需要

- 水
- 工业酒精
- 1个卷笔刀（刀片一般为镁铝合金）
- 3根长铁钉（大约长15厘米）
- 3个杯子
- 铜线

这样来做

- 请一个大人把卷笔刀的刀片连同螺丝钉一起卸下来，把刀片和螺丝钉分别浸泡在工业酒精中脱脂。
- 在第一个杯子里放入一根铁钉。
- 在第二根铁钉上缠上铜线，把它垂直放在杯子里。
- 把第三根铁钉插在卷笔刀的空缺里，放在第三个杯子里。
- 分别在三个杯子里装入水，但要使钉子的三分之一露出水面。
- 在接下来的三个星期中，观察三根铁钉（如果这期间杯子里的水蒸发了，注意加水）。

会发生什么

与卷笔刀一起放入水中的铁钉几天以后才开始生锈，而其他两根铁钉几个小时以后就开始生锈了。

为什么会这样

人们把一些与铁化合时会“牺牲”自己的金属称为轻金属（例如：锌、铝、镁等），这类金属可以防止铁生锈。因此，这种过程也被称为牺牲阳极保护法。另外，人们在很多铁制物品的表面涂上油、漆、塑料或者镀上金属层，以防止生锈。而另一种金属——铜就不能阻止铁生锈，甚至会加速这个过程。

50.怕水（难度：★☆☆☆☆）

怎样才能不被水打湿呢？

你需要

- 1个杯子
- 1张餐巾纸
- 1个装满水的碗

这样来做

- 把餐巾纸揉成团扔进杯子里，注意不要让它掉出来。
- 把杯子倒过来，垂直地浸入水中，再拿出来。

会发生什么

餐巾纸没有被打湿。

为什么会这样

杯子里的空气阻碍了水的进入。

51.潜水氧气罐（难度：★☆☆☆☆）

怎样才能看见水压?

你需要

- 水
- 1个透明的塑料瓶
- 1个玻璃容器
- 盥洗池

这样来做

- 在容器中装入2/3容量的水。
- 把开口的塑料瓶头朝下慢慢插入水里，观察瓶子里水面的高度。
- 轻轻挤压一下瓶子，再观察瓶子里水面的高度。

会发生什么

瓶颈里的水一开始上升得很缓慢，通过挤压瓶身，瓶子里的气压增大，水又重新被挤出瓶外了。

为什么会这样

瓶子在水里插得越深，所承受的压力就越大。这种压力迫使瓶子里保留的空气体积缩小，从而使水进入瓶颈。而当挤压瓶身时，瓶内的气压再次升高——高于瓶子外的水压，从而使水被挤出瓶子。

潜水氧气罐的工作原理就是这样的。潜水时，潜得越深，水给空气的压力就越大。当你潜入水底时，空气会被密封在罐子里，这是为了防止水倒灌进氧气罐中。

52.越深，越强大（难度：★★☆☆☆）

眼睛可以看见水压吗？
请在大人监护下进行！

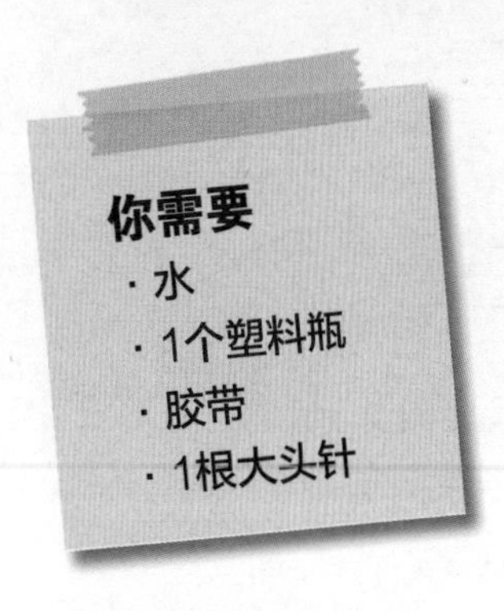

这样来做

- 请大人在塑料瓶上从上到下钻三个孔。
- 在每个孔上都贴上胶带。
- 在瓶子里装满水，撕掉贴在小孔上的胶带，并且观察三条水柱。

会发生什么

从下面孔里喷出的水柱明显要比从上面孔里喷出的水柱喷得更远。

为什么会这样

水越深，那里的水压就越大。所以位于下方的小孔喷出的水柱要比上面的水柱远一些。你在游泳时可能就已经意识到这个问题了。你在水里潜得越深，就会感觉耳朵的压力越大。

如果把瓶子的盖子盖上，猜猜看，会发生什么？尝试一下，你会看到，下面的水柱不会断流，空气会从其他的孔中进入瓶子里。

53.水需要空间（难度：★★☆☆☆）

水什么时候占的空间小，什么时候占的空间大？

请在大人监护下进行！

你需要

· 水
· 1根蜡烛
· 火柴
· 1个量杯
· 1个锅
· 3~4个杯子

这样来做

- 请大人点燃蜡烛。
- 在量杯里装入一升水，把水倒进锅里。
- 在量杯里再装入一升水，把水倒进几个杯子里。
- 吹灭蜡烛。

会发生什么

一定量的液体倒入容器里，会依据容器的形状而塑出自己的形状。当蜡烛被吹灭时，会有一阵烟升起，随后这阵烟会消散开来。

为什么会这样

液体有一定的体积——也就是液体所占据空间的大小。除非温度或压强改变了，否则一定量的水的体积是不会改变的。

用量杯称量出体积为一升的水。把水倒进锅里、杯子里或量杯里都不会改变水的体积。而在我们的实验中，蜡烛被吹灭时所产生的烟慢慢扩散到空气中（见实验18）。虽然这些烟慢慢地消失不见了，但是它们仍然存在于空间里。只不过它们占据了比以往更大的空间：烟的体积改变了。

54.会游泳的苹果（难度：★☆☆☆☆）

你能让苹果或者硬币在水里游泳吗？

你需要

- 1枚硬币
- 1个小苹果
- 水
- 1个碗（深度大约是苹果高度的两倍）

这样来做

- 在碗里装入3/4容量的自来水。
- 把苹果和硬币都放到碗底。

会发生什么

苹果慢慢地浮到了水面上，而硬币还是沉在水底。

为什么会这样

物体在水中是漂浮还是下沉取决于其密度。我们可以把密度理解为物体质量与体积的比。混凝土的密度大约是2000千克/立方米，聚苯乙烯（塑料泡沫）的密度只有20千克/立方米。

在这个实验中，硬币的密度大于水，所以它沉底了。而苹果的密度比水小，所以能够浮在水面上。

55.密度测试（难度：★☆☆☆☆）

怎样才能知道，一种液体的密度是不是比水小？

你需要

- 糖浆
- 用墨水染了色的自来水
- 色拉油
- 1粒葡萄干
- 1颗榛子
- 1个回形针
- 1个高杯子

这样来做

- 在杯子里先装入一些糖浆，然后倒入用墨水染了色的自来水，最后倒入色拉油。
- 现在把葡萄干、榛子和回形针都放到杯子里，等一会儿。

会发生什么

液体分成上下几层。回形针沉在杯底，榛子和葡萄干分别悬浮在上面两层。

为什么会这样

液体和固体有着不同的密度。密度最大的液体（糖浆）在最下面一层，密度最小的液体（色拉油）浮在最上面。在这两者之间的是被染了色的水。物体的密度不同，它们所处的位置也就不同：回形针沉在最下面，它是由密度较大的材料制成的；葡萄干悬浮在水中；榛子则位于水和色拉油的交界处。

56.水层（难度：★★★☆☆）

水的密度是一直不变的吗?

你需要

- 水
- 红色和蓝色的颜料
- 碎冰块
- 透明的塑料水盆
- 2个矿泉水瓶

这样来做

- 在塑料盆里装入3/4容量的水（室温下）。
- 在一个矿泉水瓶中装入水、小冰块和蓝色的颜料。
- 在另一个矿泉水瓶中装入热水，并用红色颜料把它染成红色。
- 盖上盖子，然后把它们放在塑料盆里。
- 过一会儿打开瓶子，让它们浸入水中，观察盆子里的水有什么变化。

会发生什么

两个瓶子里都是被染了色的水。蓝色的水沉在水底，红色的水上升到水面上，并且扩散开来。

为什么会这样

水的密度也是不同的，根据水温的变化，密度也有所变化。蓝色的冷水密度最大，红色的热水比盆里没有被染色的水密度小一些。因此红色的热水上升到水面，而蓝色的冷水则沉到水底。

57.被撑破的瓶子（难度：★☆☆☆☆）

冬季实验

冰能把瓶子撑破吗？

你需要

· 1个装满水的玻璃瓶

这样来做

- 把瓶子放在0℃以下的户外，过一晚上后观察瓶子发生了什么变化。

会发生什么

第二天，瓶子碎了。

为什么会这样

通常情况下，物体受热的时候会膨胀，遇冷的时候会收缩。换句话说，温度越高密度就越小。但水是个例外，在4℃时，不管是受热还是遇冷水都会膨胀。当水凝固时，膨胀的幅度更大（大概会膨胀10%），所以会把玻璃瓶撑破。所以在冬天，如果气温降到0℃以下，千万不能把暖气管暴露在外，会被冻裂开的。

冬天，沥青路上的水在夜里结成冰，让沥青路上产生了很多裂缝。可以想象，白天开车行驶在这样的沥青路上是什么样的情景。水结成冰时，体积膨胀，将沥青完全撑开了。这也被称为冻裂。

58.变大的冰（难度：★☆☆☆☆）

谁需要更大的空间——固态的冰还是液态的水?

你需要

- 水
- 1个铝制的杯子
- 1张薄纸板（比铝制杯子的杯口略大一些）
- 冷柜

这样来做

- 在铝制杯子里装满水。
- 把薄纸板覆盖在杯口。
- 把杯子放进冷柜里，第二天再来看发生了什么变化。

会发生什么

水凝固成了冰，并且所结成的冰溢出了杯口，把原本覆盖在杯口的纸板顶了起来。

为什么会这样

当水凝固成冰时，体积大约会膨胀10%。这是因为固态冰中的分子要比液态水中的分子所占的空间大。液态的水分子是可以自由移动的，而固态水分子的排列则为更加规则的结构，使水分子间的空隙变大。

当水遇冷时，虽然也像其他的物质一样密度会变大，但4℃是水的异常温度，在这个温度下，水的特性与常态不同。这时，水达到了它的最大密度值，相应的也占据了最小的空间。当水凝固以后，密度再次变小，也就是水在固体状态时体积会变大，所以冰的密度比水小。

以下是水与其他物质的不同之处：

- 凝固时体积变大；
- 在4℃时密度达到最大值，这也被称为水的反常膨胀。

不要低估水的反常膨胀在我们日常生活中的作用。

由于水的这种异常特性，鱼类才可以在冰层下安然过冬，水瓶才会被冰撑破，沥青马路在冬天时才会裂开。

59.轮船安全航行的威胁——冰山（难度：★★★☆☆）

冰可以浮在水上吗?

请在大人监护下进行!

你需要

- 水
- 墨水
- 1个空塑料水瓶（没有标签）
- 1把剪刀
- 1个装冰块的盒子
- 冰柜
- 燃气灶

这样来做

- 请大人把塑料瓶上面1/3部分用剪刀剪下来。
- 把水倒入装冰块的盒子中，再把墨水滴进去，放进冰柜里，冷冻一个晚上。
- 第二天，请大人把热水倒进塑料瓶子里。
- 把被染了色的冰块放进热水里。

会发生什么

被染了色的冰块先是浮在水面上，渐渐地冰块融化，水自上而下慢慢地被染色。

为什么会这样

冰的密度比水小（见实验58），因此冰漂浮在水面上，冰山的顶端也会露出水面。其实冰山的大部分是沉在水下的，这就给轮船的航行造成了威胁。

如果有海浪和风将冰排聚集到一起，那么许多冰排就会堆积成浮冰。浮冰是海里最经常看到的冰的形式。

在海水的凝固过程中，只有水分子

海水中3.5%的成分是盐，所以，海水在温度低到-1.8℃时才会结冰。在两极附近的海域，海水凝固成冰，并不是简单地由水变成大片的冰陆。这个过程有一点复杂：首先，水的表面会出现一些小块的冰晶，因为冰的密度比水小，所以冰晶都浮在水面上，而且它们在水面上不断聚集，形成小冰粒，更确切地说是粒状冰。风和海浪推动这些粒状冰聚集在一起，使冰的厚度增加。这时，冰结成油花状，形成了薄薄的脂冰。在没有海浪的情况下，会逐渐形成一个相对完整的大冰盘。一些大冰盘聚集在一起又形成了荷叶冰，荷叶冰的直径通常会达到几米。

在凝结，而盐分子并不参与，所以在冰里面就形成了很多小渠道（盐过滤管道），盐水可以通过这个渠道汇聚在一起。这种盐水的含盐量比普通的海水要高得多。你不仅可以把海冰当作一个巨大的冰层，也可以把它当作一个透气的海绵。只有当冰层达到一定的密度时，它才会在水面下结冰，形成圆锥状冰块，并以这种形状不断向下凝结。因为盐水比较重，所以冰也逐渐向下沉，而冰本身因为含盐量的降低也变得越来越低，盐水都汇集到盐过滤管道里了。这种过滤管道系统是海冰与淡水冰最根本的不同之处。

60.水洼实验（难度：★☆☆☆☆）

水洼是自上而下还是自下而上结冰的呢?

你需要

- 1个比较深而且结了冰的水洼
- 1把小锤子

这样来做

- 用锤子在结了冰的水洼上砸开一个洞。
- 注意：砸冰的时候要戴眼镜，或者请大人帮忙，因为飞溅的小冰块可能会伤到眼睛。

会发生什么

冰层下有液态水。只有当水洼比较浅平的时候，才会上下都结冰。

为什么会这样

就像我们已经知道的那样，水在4℃时达到它的最大密度，在固态时，密度变小，体积变大。这就是液态的水在下面、而冰在上面的原因。在江河湖海中，由于地面温度的变化，水不可能一直吸热或散热，这些水都是自上而下结冰的。只有在水很浅的情况下，才有可能完全结冰。

61.冰山是淡的（难度：★★☆☆☆）

盐水和淡水会在相同温度结冰吗？

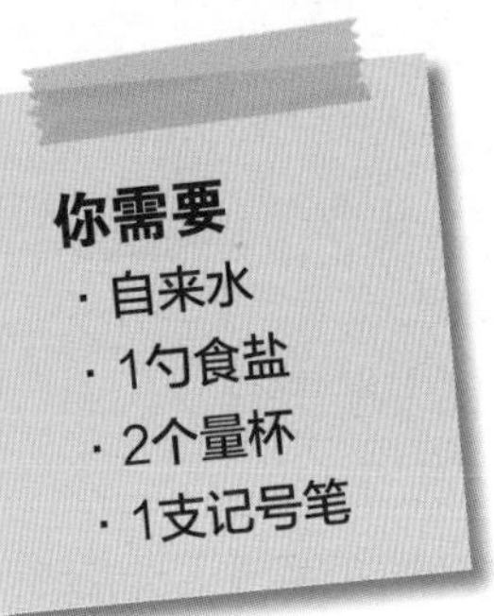

这样来做

- 在其中一个量杯上用记号笔写上“盐”字。
- 在两个量杯中都装入半杯水。
- 在写有“盐”字的量杯里加入食盐，并搅拌，直到食盐完全溶解。
- 把这两个量杯都放到冰柜里冷冻一夜。
- 4个小时后进行第一次观察，看水是否凝固，24小时后观察第二次。

会发生什么

4个小时后的第一次观察，淡水已经凝固成冰，盐水还没有凝固——连凝固的迹象都没有。

为什么会这样

水中含盐时，需要更低的温度才能凝固。这也是海水在0℃以下也不结冰的原因。这种现象叫作凝固点的降低。

在两极附近的海域有很多冰山漂浮在水面上，这些冰山都是由淡水组成的。虽然冰山是由高高堆起的冰坨组成的，但其中只含有很少量的盐。

两极的冰山是地球上最大的淡水资源储存库。如果有一天能想出办法把冰山运到干旱地区，那么，那里的人就再也不用为喝水的事发愁了。但是这个想法现实吗？什么时候才能实现？没有人知道。

62.粗盐防滑（难度：★☆☆☆☆）

冬季实验

粗盐真的能防滑吗？

你需要

- 1个装满雪的塑料盘子
- 粗盐

这样来做

- 把盘子里的雪拍结实，然后在气温0℃以下的户外放一夜。
- 在凝固的雪上撒上粗盐。

会发生什么

撒上粗盐以后，雪的表面开始融化，并且不再凝固了。

为什么会这样

盐的成分是氯化钠，雪的成分是水。氯化钠是极易溶于水的化学物质，氯化钠溶于水后形成氯化钠溶液。氯化钠溶液的凝固点要比水低，因此在0℃时，路面就不会再结冰了。在结冰的道路上，撒的盐越多，雪就化得越快。

63.融化指令（难度：★★☆☆☆）

谁能让冰融化得更快，是沙子还是食盐？

你需要

- 2块冰
- 1/2勺沙子
- 1/2勺食盐
- 2个小盘子
- 冰柜

这样来做

- 分别在每一个小盘子里放一块冰。
- 在一块冰上放一些食盐，在另一块冰上放一些沙子。

会发生什么

上面放食盐的冰块比放沙子的冰块融化得更快。

为什么会这样

沙子不是水溶性的，所以不能使冰块加速融化。而在冰块上撒上食盐可以显著地加快冰块融化的速度（见实验62）。并且溶解在水中的食盐越多，水的凝固点就越低。

64. “冰鱼钩”（难度：★★☆☆☆）

把食盐撒在冰上，冰融化的水是不是再也不会凝固了？

你需要

- 1块冰
- 食盐
- 1个盘子
- 毛线

这样来做

- 在盘子里放一块冰块。
- 在冰块上撒上食盐，把毛线的一端放在冰块上有盐的位置。
- 等几分钟，提起毛线的另一端。

会发生什么

冰块粘在毛线上，就像鱼咬住了鱼钩。

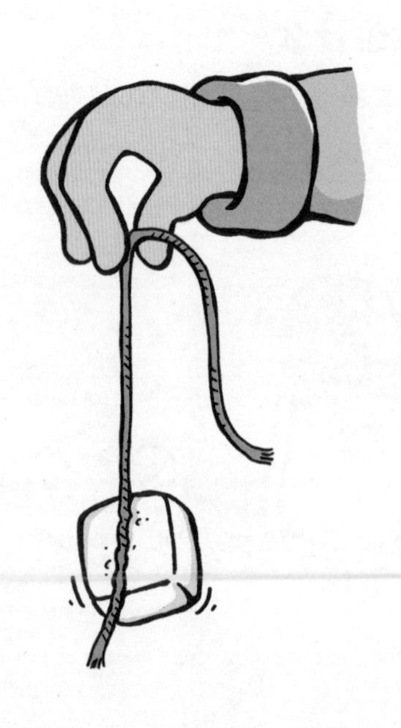

为什么会这样

温度高于0℃时，冰块融化，食盐可以加速冰融化的进程。因为食盐分子可以阻止冰晶体的形成，因此在冰块上撒有食盐的地方，冰很快就融化成了水（见实验62）。随着更多的冰融化成水，食盐的量也越来越少，在缺少食盐的地方，水依然会凝固，所以放在那里的绳子就被冻住了。

65.最高的冰塔（难度：★★☆☆☆）

堆冰块最多可以堆多高？

你需要

- 冰块
- 食盐
- 1个盘子

这样来做

- 在盘子里放一块冰，在上面撒一点食盐。
- 把另一块冰堆在前一块冰上面，再在上面撒一点食盐。
- 重复这样的步骤。

会发生什么

相邻的两块冰粘在了一起。

为什么会这样

首先，食盐使冰块融化了，但是融化了的水过一会儿又重新凝固了，这样就使相邻的两块冰牢固地粘在了一起。

66.盐冰——冰箱（难度：★☆☆☆☆）

你能自己制造冰水冷却剂吗?

你需要

- 碎冰块
- 食盐
- 1把勺子
- 1个装有一半冷水的金属容器
- 1个装有水的大碗

这样来做

- 把金属容器放在大碗里。
- 把碎冰块倒入盛水的大碗里，并在里面撒上食盐。
- 搅拌大碗里的水、冰和盐的混合物。

会发生什么

过一会儿，金属容器里的水结冰了。

为什么会这样

将等量的冰和水混合时，温度很快就达到0℃。这时候如果再加入适量的食盐进去，温度就会持续降低。水和碎冰的混合物可以达到制冷的效果。

食盐溶解在冰水中需要从外界汲取能量，这样就使水的凝固点降低，在某种程度上，冰变热了，开始融化。这种融化的过程也需要能量。两方面都需要能量，这就迫使水不停地吸收热量，直到盐全部溶解并且使金属容器里的水结冰了。

67.美味冰激凌（难度：★☆☆☆☆）

借助自己制造的制冷剂，可以做出冰激凌吗？

你需要

- 1勺可可粉
- 2勺牛奶
- 1勺奶油
- 许多冰块
- 食盐
- 1个碗
- 1个杯子
- 1块餐巾布

这样来做

- 把可可粉、牛奶、奶油倒入一个杯子里并进行搅拌。
- 把冰块放在碗里，把装有可可粉、牛奶、奶油混合物的杯子也放进去。
- 在杯子周围再加一些冰块，并撒上适量的食盐（要让冰、食盐、盐水同时出现在容器中）。
- 把餐巾布盖在碗上，以避免外界的热量进入。
- 把碗放置在比较冷的房间里一个小时，每隔五分钟搅拌一下杯子里的混合物。

会发生什么

杯子里的混合物凝固成了冰激凌。

为什么会这样

食盐使冰块融化，但融化的过程需要热量。这使得冰从可可混合物中获取热量，因此可可混合物大量散热，所以凝成了冰激凌。

68.神奇的雪花（难度：★☆☆☆☆）

放大镜下的雪花是什么样子的呢？

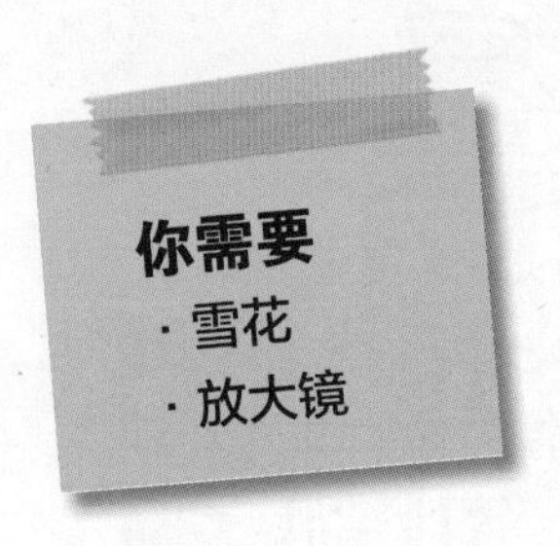

这样来做

· 把雪花放在深色背景的物体上，用放大镜观察它的样子。

会发生什么

你会发现，雪花是由单个的雪晶体组成的。

为什么会这样

当云层温度大约低达-15℃时，云层中的水滴会以某个微粒（如尘埃微粒）为核心凝聚成晶体。之后，这个晶体从云层中掉落下来，与其他晶体碰撞在一起就形成了雪花。让人惊讶的是，雪花的形状都不一样，但有一个共同点，它们都是六角形的。

生活在加拿大北部和格陵兰岛的因纽特人会用50个词语来形容不同的雪花。在0℃左右时下的雪是鹅毛大雪，这样的雪花里含有还未凝固的水，所以这样的雪很湿，也比较大。沙雪只会在气温低于0℃时才会出现，沙雪很轻很干燥，呈微粒状。你想到了什么？是的，这样的雪更适合用来堆雪人或者打雪仗。

69.因纽特人和他们的冰屋（难度：★★★☆☆）

冬季实验

如果在冰屋里点蜡烛，冰屋会融化吗？

请在大人监护下进行！

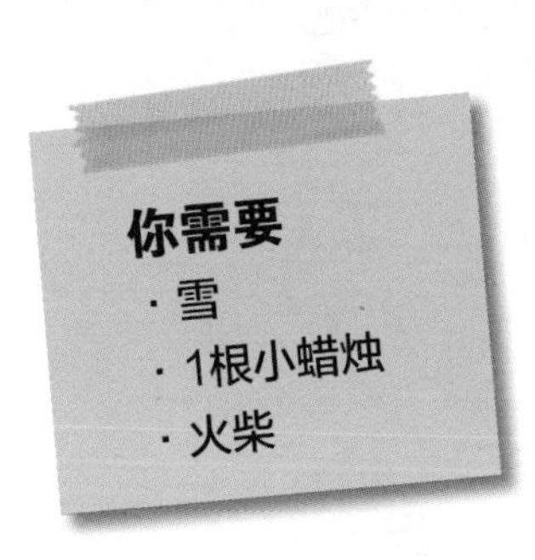

你需要
- 雪
- 1根小蜡烛
- 火柴

这样来做

- 在屋外的花园里或者阳台上，用雪砌一个球形的雪洞。
- 请大人点燃蜡烛，并把蜡烛放进雪洞里。

会发生什么

我们建造了一个迷你冰屋，在冰屋里燃烧的蜡烛让冰屋变得暖和，并且冰屋没有融化。

为什么会这样

外面很冷，并且蜡烛燃烧的火焰与冰屋屋顶之间保持了一定的距离，在这样的条件下，蜡烛燃烧所产生的热量能够使冰屋内变得暖和，但是不会让冰屋融化。

冰屋是因纽特人在格陵兰岛和阿拉斯加用冰建造的半圆形小屋。在冰天雪地、狂风呼啸的环境下，这些小屋是由冰砖建成的，以体温和照明灯为热源。暖气流会上升到冰屋顶部，在球形屋顶下汇聚。冷空气会下沉到冰屋的底部，沿着冰屋的出口排到外面去。每个冰屋都需要在墙上钻几个小透气孔，就是为了空气流通的需要。

70.庞然大物（难度：★★★★☆）

冰川是怎样顺流而下的?

你需要

- 1个大杯子
- 沙子
- 小石子
- 水
- 1块木板
- 一块大石头或者其他固体
- 1把锤子
- 1根橡皮筋
- 1根钉子
- 冰柜

这样来做

- 在杯子里装上大约2厘米高的沙子和碎石子，再倒进去一些水，大概达到杯子高度的四分之三。
- 把杯子放在冰柜里冻一夜，或者放在0℃以下的室外。
- 第二天拿出杯子，再加入沙子、碎石子和水，直到杯子被装满，然后再放到冰柜里冷冻或者放到室外。
- 在木板的一端钉上一根钉子，在木板下垫上一个固体，使木板呈一定角度倾斜。
- 从冰柜中取出杯子，倒一点热水让杯子里的混合物稍稍融化一些，确保杯子里冻好的混合物，也就是自制的“冰川”，可以从杯子里滑出来。
- 把杯子放在木板上，用橡皮筋固定，橡皮筋一头箍住杯口，另一头挂在钉子上。

会发生什么

冰融化了，不能继续固定住沙子和碎石子，所以沙子和碎石子随着水流顺着木板所构成的坡面下滑。有时候，沙子、碎石子会遇到阻碍，这里就会形成冰渍层。

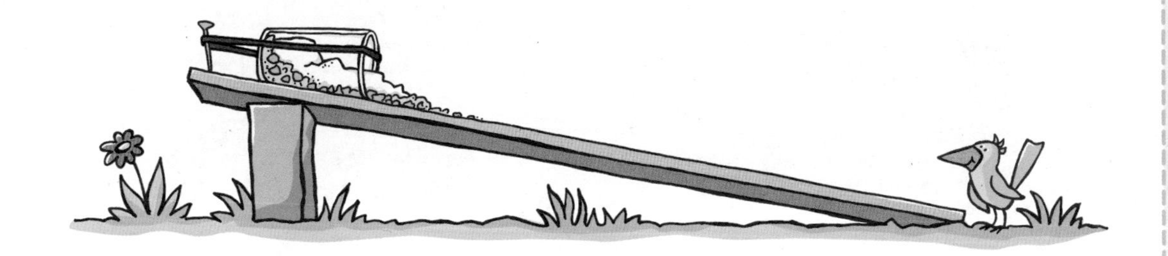

为什么会这样

冰和沙子顺着斜坡冲下去，融化了的水为它们向下移动提供助力，因为水本身也会向下流。小石子在向下滚动的同时也夹杂着大石块，如果大石块太重了，就会在木板的某个位置上滞留。真正的冰川也是这样运动的，当冰川融化时，它们沿着山脉流向河谷，夹杂着石头和泥土顺流而下。

冰川以很慢的速度向山谷运动，这种运动用肉眼是看不出来的。冰川的运动有两个不同的原因。

（1）可塑性流动

在冰川内部，由于晶体受到了很大的压力，所以产生了移动。

（2）平面滑动

位于冰川底部的冰层需要承受来自上层冰层的压力，压力会使冰的熔点降低。冰的融化也会在冰川和地表之间产生一层由水形成的润滑层，冰可以在这个所谓的润滑层上移动。你可以把这种效应和溜冰联系起来。

冰川底部和冰川一侧原本冻住的石块会逐渐落到冰川底部，在水平方向上被碾碎。冰川在运动时会夹杂着许多固体（石块、碎石、沙子、泥巴等），这些东西最终会在冰融化的地方沉积。这些被冰川运输过、最终沉积下来的石头、沙子、泥土被称为冰渍层。

71.偷偷溜掉的冰（难度：★★☆☆☆）

一根细绳就可以切断冰块吗?

你需要

- 冰块
- 1个高杯子
- 细绳
- 2个带把手的杯子

这样来做

- 把杯子倒扣在桌子上，在杯底放一块冰块。
- 把细绳的两端分别系在两个杯子的把手上。
- 把杯子放在0℃左右的花园里或阳台上。
- 把绳子横放在冰块上，两边的杯子作为重物自然下垂。

会发生什么

不一会儿，就可以看到冰块被细绳切开了。在切口处，刚刚被切开的冰又凝固起来了，所以实际上，绳子是穿过了冰块，但冰块并没有被分成两半。

为什么会这样

当你溜冰的时候，身体的重量会给冰一定的压力，众所周知，冰在受压的情况下，熔点会降低，冰会融化。所以，我们滑冰时，会在冰面上留下一层水膜。同样的道理，在冰川顺流而下的过程中，下层的冰因为受到上层冰的压力，不断融化，冰川也就顺着这层水膜不断下移。

72.食盐——盐场（难度：★★☆☆☆）

人们是怎样从海水中提炼出食盐的？

你需要

- 2~3勺食盐
- 水
- 1个小碗（内壁颜色不能为白色）

这样来做

- 在小碗中装入水，加入食盐并搅拌，直到食盐完全溶解。
- 把小碗放在太阳下静置几天。

会发生什么

小碗中的水蒸发了，一段时间后，水会全部蒸发，留下一层白色的残留物。

为什么会这样

盐水放在太阳下，因为受热，所以水蒸发了。水中的盐重新结成盐晶体留在碗里。

世界上约20%的食盐都是从海水里提炼出来的。把海水倒入海水槽中，当太阳照射时，海水会蒸发，食盐就会析出，并且滤去杂质。在美国、南美和非洲，食盐是从干涸的咸水湖中得到的。在矿井和地下盐矿中，人们也可以发现食盐资源。

73.洪水泛滥的危险（难度：★★☆☆☆）

南极大陆的冰层融化会使海平面上升吗？

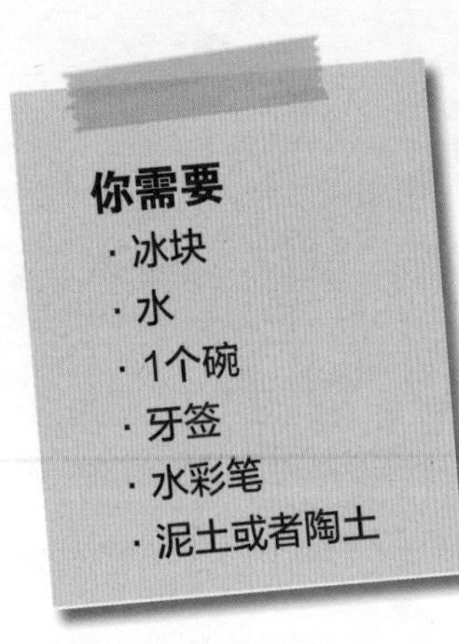

这样来做

- 用陶土捏出大陆的形状，有高山和平原，并把它放进碗里。
- 向碗里倒入一定量的水，使“大陆”的一半都淹没在水里。
- 把冰块当作冰川安放在“大陆”上。
- 测量水平面：把一根牙签垂直沉入水中，在水平面处用水彩笔做上记号。
- 等冰块融化后，再测量一遍水平面的高度。

会发生什么

冰块融化后的水流进盆里，抬高了水平面，陆地的海岸区域被水淹没。

为什么会这样

冰融化后流进碗里，抬高了水平面，这种现象在自然界中也可以看到。陆地上的冰川融化，水流进海里，海平面就会升高。像我们在实验中看到的那样，海平面升高会引起近海地区的洪水泛滥。

如果南极大陆上的冰川融化，海平面就会大幅度升高。如果阿尔卑斯山区的冰川融化，格陵兰岛受到气候变暖的威胁，也会造成海平面升高。如果气候继续变暖，那整个世界的沿海地区都将面临被淹没的危险。

但是请注意，到现在为止，我们都只是考虑了陆地上的冰，不要忘记在北极地区还有大量漂浮着的冰。

如果这些冰融化了，对海平面是没有任何影响的，至于为什么，接下来的实验74会告诉你答案。

74.海平面（难度：★☆☆☆☆）

在一个装满水的杯子里加上冰块，当冰块融化后，水会溢出来吗?

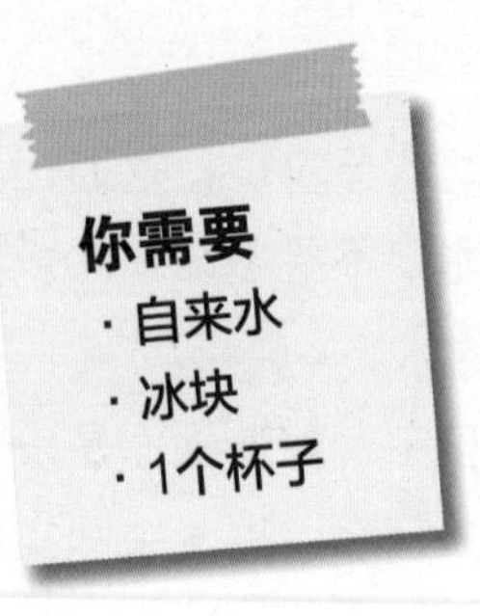

这样来做

- 在杯子里放一块冰块，再装满水。
- 观察一下，冰块融化后，水会不会溢出来。

会发生什么

首先，冰块漂浮在水面上，之后冰块融化，但是水并没有溢出来。

为什么会这样

固态的水是由水分子晶体组成的，并且水分子晶体以规整的六角形排列。同时，固态水要比液态水所占据的空间更大，因为水凝固时体积会变大（见实验57）。

冰可以漂浮在水面上，是因为冰的密度比水小（见实验58）。

冰融化时，晶体结构也随之瓦解，水分子之间相互吸引，所占的空间也变小了。因为这个原因，冰块融化后水不会溢出杯子。

当北极地区的浮冰融化以后，海平面不会升高。冰山和大块浮冰原本所占据的位置足够存放它们融化后所产生的水。

75.洋流（难度：★★★☆☆）

热水可以从下往上流吗？

请在大人监护下进行！

你需要

- 墨水
- 陶土
- 自来水
- 1块冰
- 2个杯子
- 1个锋利的指甲剪

这样来做

- 把墨水装进墨水囊，再把墨水囊包进陶土里，让墨水囊足够重。
- 在杯子里装入3/4的冷自来水，在另一个杯子里装入热水。
- 把墨水囊沉进热水里。
- 在装有冷水的杯子里加入一块冰块。
- 等五分钟，把墨水囊取出来，请大人用指甲剪在墨水囊上剪一个小口。
- 现在，把墨水囊沉入加有冰块的冷水中。

会发生什么

墨水从墨水囊中跑出来，并且上升到水面。

为什么会这样

墨水囊中的墨水在热水中加热过，热量加速了分子的运动，热墨水的密度更小。很明显，加上冰块的水温度更低，墨水囊沉入水中，墨水也就在水里四散开来。但是，因为墨水要比水的温度高，密度也要比水小，所以墨水就会上升。同理，我们也可以在更大范围中观察整个世界的海洋，在那里，冷暖洋流会影响海里的生物和地球上的气候。

76.排水量（难度：★☆☆☆☆）

怎样才能证明，物体浸没在水中时会占据水的位置？

你需要

- 自来水
- 1个大罐头瓶
- 1块大鹅卵石
- 1个小塑料杯
- 1支水彩笔

这样来做

- 在罐头瓶里装入3/4容量的水。
- 把鹅卵石放在塑料杯子里，当作在船里装入货物。
- 把塑料杯放进大罐头瓶里，让你的“船”载着“货物”浮在水面上。
- 用水彩笔在大罐头瓶的外壁标记此时水面的高度。
- 拿出塑料杯里的鹅卵石，让“空船”浮在水面上，并记下此时水面的高度。

会发生什么

“船”不载“货物”浮在水面时，水面高度比载着“货物”时要低。

为什么会这样

水本身不会压缩，当有其他物体没入水中时，水会向其他方向扩展。因此当船载着货物浮在水面上时，杯子里的水平面会上升。不载货物的船排水量相对较少，所以，当把货物从船上拿下来时，罐子里的水平面下降了。但是如果货物比水重很多，那么排水量过大，船就会被淹没。

77.天平上的水和木头（难度：★★★☆☆）

木头可以排出多少水?

你需要

- 1个装满水的容器
- 1个天平
- 1块木头
- 1条手绢

这样来做

- 把装满水的容器放在天平上称重，记下它的重量。
- 把容器放在手绢上，再把木头小心地放进容器里，水溢出来了。
- 现在称一下装着木头的容器有多重。

会发生什么

重量没有发生变化。

为什么会这样

木头和它所排出的水是一样重的。换句话说，漂浮在水面上的物体的重量与该物体所排出的水的重量是相等的。早在2000年前，希腊自然科学家阿基米德就已经发现这一定律了（见实验78）。

78.“我明白了！”——阿基米德定律（难度：★★☆☆☆）

当装满水的瓶子被压入水中时会发生什么事呢？

你需要

- 水
- 1个小塑料瓶
- 2根橡皮筋
- 结实的绳子（大约20厘米长）
- 1个装满水的桶

这样来做

- 在瓶子里装满水并把瓶盖拧紧。
- 用绳子把橡皮筋固定在瓶子上。
- 提着橡皮筋把瓶子沉入水中。

会发生什么

开始，橡皮筋绷紧了，因为瓶子的重量把它拉了下去。当你把这个瓶子沉入水中后，橡皮筋收缩了一点，绷得没那么紧了。瓶子沉入水中的深度越深，你会觉得瓶子越轻。

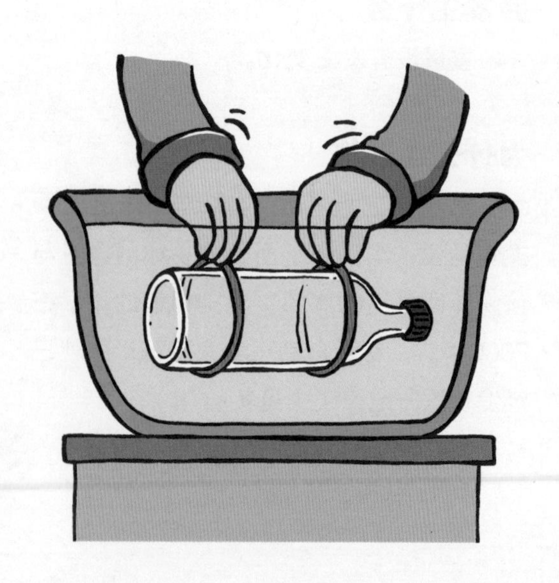

为什么会这样

所有的物体，包括实验中所用的瓶子，在水中都会受到浮力作用。瓶子沉入水中的深度越大，被排开的水就会越多，瓶子受到的浮力也就越大。当瓶子完全沉入水中时，瓶子所排出的水和它所装的水的重量大致相等。瓶子受到的浮力和瓶子的重力相等。由于浮力的作用，瓶子在沉入水中时，我们会明显地感觉到瓶子变轻了。

浮力是一个相当难解释的概念，因为这涉及很多因素。浮力是由希腊数学家和自然学家阿基米德于2000多年前发现的。他发现，一个物体在水中所受到的浮力，始终等于该物体所排出液体的重力。阿基米德发现这个定律还有一个十分惊险的故事：

国王给了阿基米德一个任务，让他确认王冠是不是纯金的，但是不能毁坏王冠，因为国王怀疑金匠在制作王冠时偷偷用别的金属替换了金子。阿基米德冥思苦想也不得其解。还好，在他洗澡时终于想到了一个主意。他在浴池里装满了水准备洗澡，但心里还是一直想着国王交给他的任务。当他坐进浴池时，浴池里的水溢了出来。他突然意识到，溢出去的水的重量正好和沉入水中的物体的重量是一样的。所以他推断，一个由纯金打造的王冠所排出的水的重量也一定和质量相同的金子所排出的水的重量是一样的。如果王冠里掺杂了银，就一定会排出更多的水。因为他知道同样重量的金子和银子，金子的体积更小一些。然后他就这种方法进行试验，王冠排出的水比纯金块排出的水要多，因此可以知道，王冠里确实掺杂了银。金匠的谎言被揭露，这也促成了阿基米德定律的诞生：

任何一个沉入水中的物体，它的重力会被抵消一部分，原因就在于它受到了浮力的作用。物体所受到的浮力与该物体所排出液体的重力相等。

“我明白了！”阿基米德发现这个定律之后，高兴地叫起来。

79.跳舞的葡萄干（难度：★☆☆☆☆）

葡萄干也会在水中游泳吗？

你需要

- 矿泉水（含有碳酸）
- 1个杯子
- 1袋葡萄干

这样来做

- 在杯子里装入3/4的矿泉水。
- 再加进去几颗葡萄干。

会发生什么

葡萄干先沉在杯底，然后又浮上水面，在水面待了一会儿，就又沉下去了……葡萄干就一直这样在垂直方向上来回“舞动”。

为什么会这样

葡萄干的密度比水大，所以会沉到水底。但水里又有很多小气泡（碳酸分解产生的气泡）聚集在葡萄干周围，又把葡萄干托到了水面。

葡萄干和小气泡不能再作为分开的两部分来看待了，而是应该被当作一个整体来看待：我们应该取它们的平均密度，也就是葡萄干和气泡的平均密度。由于气泡的加入，这个“葡萄干-气泡混合物”的密度就相应地变小了。体积越大就意味着受到的浮力越大，排出的水量也就越多。

气泡一旦到了水面就会破裂，这时候就只剩下葡萄干了，密度也就又回到了原来的密度：所以葡萄干就又沉到水底了。

80.起起伏伏的橘子（难度：★★☆☆☆）

什么样的橘子才能浮在水面上呢？

请在大人监护下进行！

你需要

- 1个橘子
- 1个装满水的碗

这样来做

- 把橘子放进水里，让它漂浮在水面上。
- 把橘子拿出来，剥掉橘子皮，再放进水里。

会发生什么

剥掉皮的橘子沉到水底。

为什么会这样

没有剥皮的橘子中有许多空气，这时候橘子的密度要小于水，因此没有剥皮的橘子可以漂浮在水面上。剥掉皮后，橘子的重量减小了，但橘子的平均密度变大了。因为橘子皮会将一部分空气包在橘子里，而这些空气所起的作用和托起葡萄干的气泡是一样的（见实验79）。这两个实验都是通过增大体积，使平均密度变小。

和橘子的例子相似的是：套着游泳圈的小孩能浮在水面上，而不会沉下去。

81.脾气大的气球（难度：★★★☆☆）

石头、软木塞、气球，哪个会沉在水底?

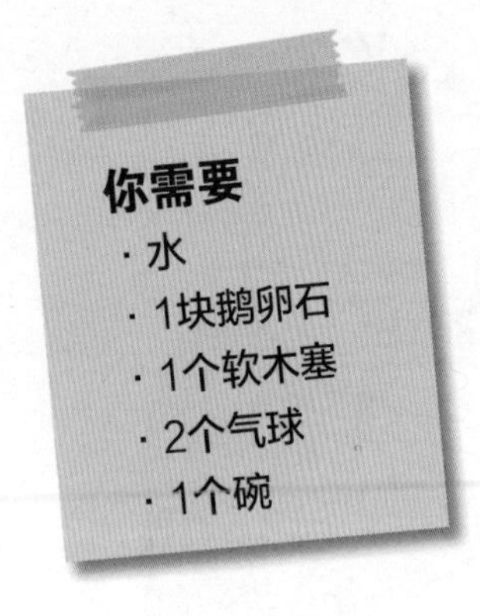

你需要

- 水
- 1块鹅卵石
- 1个软木塞
- 2个气球
- 1个碗

这样来做

- 在碗里装满水，把鹅卵石、没有吹起来的气球和软木塞扔进水里。
- 把第二个气球吹起来，并封口，压在水里。

会发生什么

石头一直沉在水底，没有吹起来的气球也沉在水底，软木塞漂浮在水面上。被吹起来的气球虽然可以被压进水中，可是一旦松手，气球就浮上来了。

为什么会这样

石头的密度比水的密度大，所以沉在水底；软木塞的密度比水的密度小，所以漂浮在水面上；气球只有吹起来才能浮在水面上，有 种向上的力一直作用在气球上，这就是浮力。

你可能已经发现了，在水里时会有失重的感觉，就是那种突然间重量减轻的感觉，虽然那不是真的。

其实这是你在水中受到的浮力抵消了一部分重力。漂浮的物体所受到的浮力与该物体所排出液体的重力相等。但浮力并不是只和物体的密度有关，还有一个关键的因素，那就是物体的形状。

82.神奇的橡皮泥船（难度：★★☆☆☆）

物体会不会沉入水底只和物体的重量有关吗?

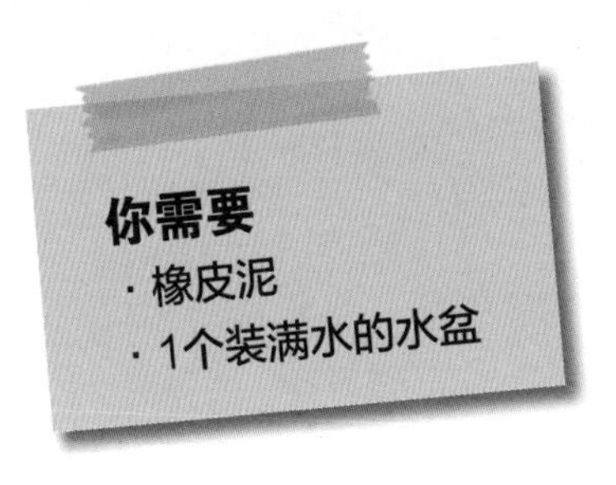

这样来做

- 用橡皮泥揉出两个大小相等的圆球。
- 把其中一块橡皮泥捏成船的形状。
- 把橡皮泥船和橡皮泥球一起放在水里。

会发生什么

圆球沉到了水底，而橡皮泥船却浮在水面。

为什么会这样

橡皮泥的密度要比水大，它沉入水中是因为它不能排开足够量的水。

虽然橡皮泥船和圆球有着相同的质量，但由于船形可以排开更多的水，受到的浮力更大，所以它可以浮在水面上。

现在你可能明白了，为什么世界上几乎所有的船都是差不多的形状。船的形状可以让船排开足够多的水，因此，重达几千吨的巨轮也可以浮在水面上。另外船也可以装载货物，轮船的排水量需要与船本身的重量和货物的重量之和相适应。

83.铝船（难度：★★☆☆☆）

硬币可以被铝船载着浮在水面上吗？

你需要

- 铝箔
- 1把剪刀
- 2枚1毛钱的硬币
- 1个装满水的盆

这样来做

- 在铝箔上剪下两个同样大小的长方形。
- 把一个长方形折成船的形状，并在里面放上一枚硬币。
- 把第二个长方形揉成一个团，并把硬币包裹在里面。
- 把铝船和铝球一起放到水盆里。

会发生什么

铝船载着硬币浮在水面上，被铝箔包裹着的硬币却沉到水底。

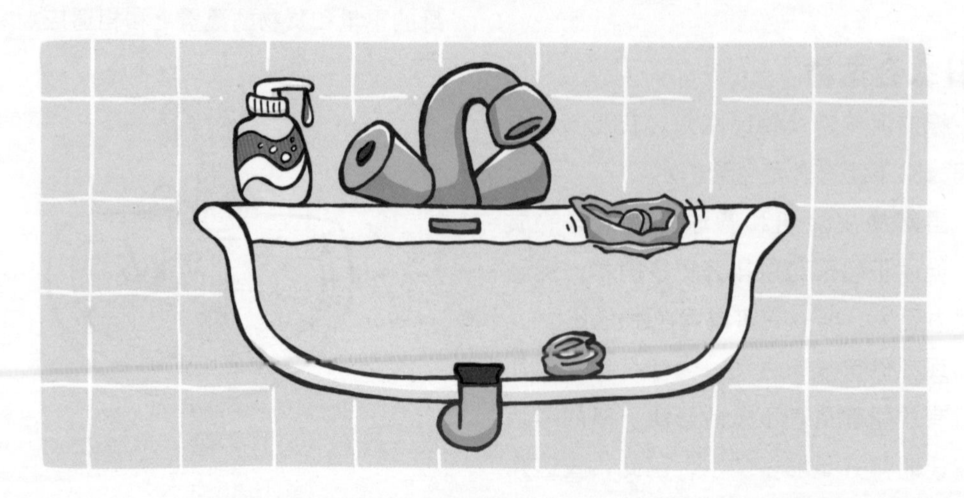

为什么会这样

物体是浮在水面还是沉到水底，不仅取决于它的重量和密度，还取决于它的形状，以及与此相关的水可以提供给它的浮力大小：选择一个更大、更合理的形状能使排水量更大，从而产生更大的浮力（见实验82）。

造船大师们在造船时必须要考虑，船的结构一定要十分稳定，因为只有这样，轮船才能抵挡风浪的袭击，承受水压和货物的重量。尤其对于那些要装载很多货物的小船来说，这一点更为重要。

如果你想自己试验一下这一规律是否管用，最简单的方法就是，叠一些不同大小的纸船，让它们装载不同的物体，然后观察将发生什么。我敢打赌，那些大纸船一定比小纸船会更快进水，然后沉没。

84.废物回收（难度：★★☆☆☆）

怎样才能轻松地把沉在水底的瓶子打捞上来？

你需要

- 1个空瓶子
- 1根细的橡胶管
- 1个装满水的浴缸

这样来做

- 把空瓶子沉入水底。
- 把橡胶管的一端插进瓶口，另一端露出水面。
- 对着橡胶管吹气。

会发生什么

瓶子逐渐升起来了。

为什么会这样

当你对着橡胶管吹气时，空气进入瓶子中，把瓶子里的水排出来了。因为空气的密度比水小，所以在某种程度上说，装满空气的瓶子比水轻（瓶子和空气的平均密度比水小），瓶子就可以浮起来了。有时候，人们为了打捞一艘沉船，就用气泵向沉船里充气，这样沉船就会慢慢地浮起来了。

一艘潜水艇可以在水中上升、下降、漂浮或者浮出水面，做指挥官所命令的任何动作。你是否会有疑问，潜水艇是怎样制造的呢？

潜水艇不仅很重，而且它的形状并不利于排水。它在水中各种动作的完成全靠浮力和重力对它的作用。聪明的工程师在潜水艇中设计了一个压载水舱，这个水舱可以根据需要来充入空气或者水。当潜水艇要下沉时，它的重量就必须大于它所排开水的重量。为了达到这个目的，就在压载水舱里装满水：这个时候，潜水艇受到的浮力小于重力。

如果潜水艇需要上浮，人们就会把压缩空气（一种特殊的空气）充进压载水舱中，而水就会被排出去：这时，潜水艇受到的浮力就大于重力。

如果潜水艇要悬浮在水中，那么船和压载水舱的重量就需要和排水量相适应：潜水艇受到的浮力要和重力相当。

85.跳舞的魔鬼（难度：★★★☆☆）

你知道瓶子里的魔鬼吗？

你需要

- 水
- 膨胀黏土
- 1个塑料瓶
- 塑料袋

这样来做

- 在瓶子里装满水。
- 把膨胀黏土装在一个塑料袋里，放在地上用力踩，让膨胀黏土碎成很多小块（每块直径大约3~5厘米）。
- 把这些碎土块放在瓶子里，并拧紧瓶盖，注意观察，有没有气泡产生。
- 再用力挤压这个瓶子，看会发生什么。

会发生什么

这些膨胀黏土先是浮在瓶子的上部，当你用力挤压瓶子时，就会看到黏土慢慢地沉到底部。当你松开手，黏土又慢慢地回到了水面。

为什么会这样

通过挤压瓶子，瓶内的压强增大，原本在膨胀黏土空隙中的空气被挤压出去——膨胀黏土变沉了，沉到了水底。松手以后，压强减小，空气重新进入黏土的空隙中，所以黏土又浮起来了。

瓶中魔鬼又被称为卡笛尔潜水员。你可以用很多东西来充当瓶子中的魔鬼：橘子皮、多孔塑料、切下来的火柴头等。前提是这些东西中有小孔，一旦瓶子受到压力，就可以将这些东西中的空气压出来，因为空气从来都比水更容易被压进小孔中。瓶中魔鬼这个名字来源于一个魔鬼形状的玻璃小玩具，在这个小玩具上有一个小孔，水可以从这个小孔中涌进。

瓶中魔鬼或者卡笛尔潜水员

86.失控的球（难度：★★☆☆☆）

浮力是从哪里来的?

你需要

- 1个乒乓球
- 1个漏斗
- 1个装满自来水的罐子
- 盥洗池

这样来做

- 把乒乓球放在装满水的罐子里，因为乒乓球中有空气，所以浮在水面上。
- 再把乒乓球放在漏斗里，用一个手指把漏斗底部堵住。
- 把漏斗放到盥洗池里，拿开手指让水自由流淌出来。
- 当水从漏斗里流出去时，观察乒乓球是什么样子。

会发生什么

乒乓球在漏斗的底部，它并没有浮到水面上来。

为什么会这样

漏斗里有向下的力施加在乒乓球上，这种力大于乒乓球受到的浮力。因为漏斗下面的水流出去了，所以无法给予乒乓球向上的浮力，向下流动的水就产生了一股向下的吸力，这种吸力把球吸在了漏斗底部。只有当漏斗里装满水，并且漏斗下面被堵住了、水流不出去时，乒乓球才能浮在水面上。

87.沉底的鸡蛋（难度：★★☆☆☆）

鸡蛋可以漂浮在盐水中吗？

你需要

- 1个生鸡蛋
- 食盐
- 1把勺子
- 1个装满水的罐子

这样来做

- 把鸡蛋放在水里，并让它沉底。
- 在罐子中撒几勺食盐，小心搅拌直到食盐完全溶解。

会发生什么

在自来水里，鸡蛋沉在水底，但是当食盐溶解后，鸡蛋就浮上了水面。

为什么会这样

鸡蛋的密度比自来水大，比较重，所以沉在水底。但把盐溶解在水里，盐水的密度就比鸡蛋的密度大，所以鸡蛋就浮上了水面。你在海里游过泳吗？如果在海里游过泳，你就会知道，在海水里游泳不需要那么费劲的。

88.悬浮的鸡蛋（难度：★★★☆☆）

鸡蛋可以悬浮在水中吗？

你需要

- 自来水
- 食盐
- 1个生鸡蛋
- 1把勺子
- 1个罐子

这样来做

- 在罐子里加入5勺食盐和1/2升水，搅拌均匀。
- 小心地向罐子里加一勺自来水，注意不要让它和盐水混合。
- 放一个鸡蛋进去。

会发生什么

鸡蛋悬浮在罐子的中间。

为什么会这样

盐水的密度比自来水的密度大，所以自来水停留在罐子的上部，只是在它与盐水的交界处，两种液体会有点混合。鸡蛋就悬浮在两种液体的交界处，因为鸡蛋的密度比自来水的要大，所以它下沉；又因为盐水的密度比鸡蛋的要大，所以鸡蛋又被盐水“托”了起来。

89.自己的水循环系统（难度：★☆☆☆☆）

你能建一个迷你水循环系统吗？

你需要

- 砾石
- 沙子
- 泥土
- 1个杯子
- 1~2棵植物（带根的）
- 1个空的带薄膜的罐子
- 保鲜膜

这样来做

- 在罐子里装上砾石、沙子和泥土。
- 在泥土中栽上植物，并给它们浇一点水。
- 在杯子里装满水，之后在泥土中挖一个坑，深度为杯子高度的一半，把杯子放到挖好的坑里，四周用泥土固定好。
- 在罐子上罩上保鲜膜，再把这个小温室放在太阳底下。

会发生什么

杯子里的水通过阳光的照射以水蒸气的形式上升，在罐子上的保鲜膜上液化成小水珠。这些小水珠又“下”到地面，被植物吸收，进入土壤。一个新的循环就又开始了。

为什么会这样

地球上水循环的动力是阳光，每年都有大量的水参与水循环。在水循环中，植物扮演了一个重要的角色，特别是对降雨量有着很大的影响。位于湿热的热带地区的雨林并不是因为自己能够下雨才被叫作雨林的，从某种意义上讲，它可以把远方的云汇集过来，这对保持气候的稳定有着重要的意义。你应该也听说了，砍伐热带雨林会对我们气候造成毁灭性的影响。例如，在南美洲的亚马孙流域，大规模地砍伐热带雨林已经引起了严重的水土流失，并威胁到动植物的多样性。

90.水的环球旅行（难度：★★★☆☆）

下雨的时候，云层中发生了什么？

请在大人监护下进行!

你需要

- 冰块
- 1个装满水的锅
- 电磁炉
- 1个锅盖
- 2个隔热垫

这样来做

- 请大人把锅里的水放在电磁炉上烧开，然后拿下来放在隔热垫上。
- 把冰块放在锅盖上等几分钟。
- 请一个成年人把冰块冷却过的锅盖盖在锅上。
- 过几分钟，观察锅盖里侧出现了什么。

会发生什么

水蒸气上升到锅盖上，在锅盖内侧凝成水珠，水珠又重新掉到锅里。

为什么会这样

水蒸气遇到冷的锅盖凝成小水珠，这个过程叫作液化。液化就是指气态变为液态的过程。在自然界中，这个过程是这样发生的：由于太阳光的照射，水受热蒸发，以水蒸气的形式上升到空中。当到达一定高度时，由于高空中气温降低，水蒸气遇冷液化成水滴，很多水滴聚集在一起就变成了云，当云层太重时，就会以雨的形式重新落回地面。

云是由许多能够液化成水滴的水蒸气组成的，如果云的温度迅速下降，那就不会产生水滴了，而会产生冰晶。这些冰晶凝结在一起，就以雪的形式落到地面。

地球上的水在不停地循环。水蒸发后以水蒸气的形式上升到高空，遇冷液化成水珠，形成云，再以雨水、冰雹、雾或者雪的形式落回地面。其中很大一部分水再次蒸发了，或者汇进江河湖海中。另一部分水落到地面，穿过不同的水层，成为地下水，或者再次回到江河湖海中去。水循环就是这样一个严密的体系：绝对不会有水丢失的。

91.看不见的水（难度：★★☆☆☆）

怎样才能证明空气中含有水呢？

你需要

- 1个装满水的杯子
- 冰块
- 放大镜

这样来做

- 在杯子里放几块冰块，观察杯子的外壁。

会发生什么

玻璃杯的外壁变得水雾朦胧，在放大镜下观察，可以看见许多小水珠。这些水珠越来越大，并沿着杯子向下流。

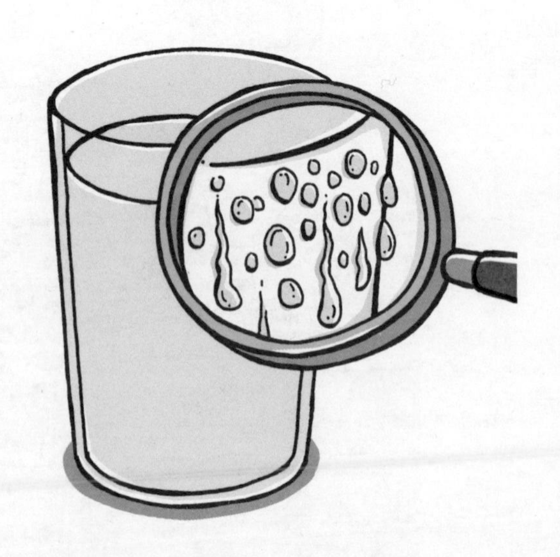

为什么会这样

空气中始终含有一些肉眼看不见的水蒸气。在比较冷的地方（如：冷的杯壁），水蒸气会变成小水珠，这就是水蒸气的液化。

92.潮湿的土层（难度：★★★☆☆）

人们可以在土里找到水吗？

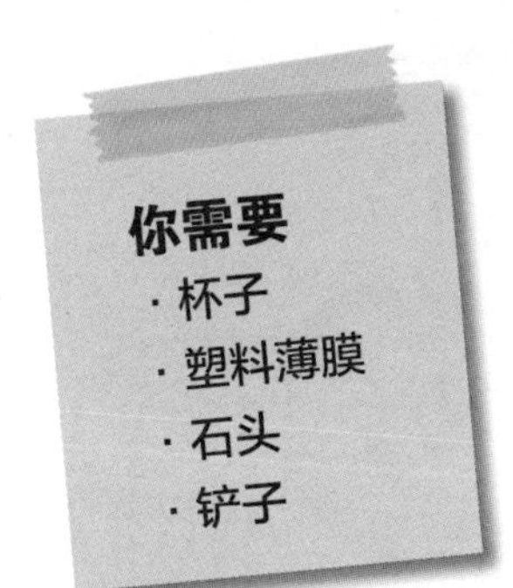

这样来做

- 在花园里能够被太阳照射到的地方挖一个很深的坑。
- 把杯子放在坑里。
- 用塑料薄膜覆盖在坑口上，四边用石头压住，并用泥土把缝隙堵好。
- 在塑料薄膜中间放一块小石头，使薄膜略微向下凹进去。

会发生什么

太阳光照射在塑料薄膜上，过一会儿薄膜上就出现了水滴，它们不断向中间汇集，最后滴到杯子里。

为什么会这样

看起来很干燥的土地其实含有大量的水分。太阳光透过塑料薄膜使土壤受热，这样土壤中蕴含的水分就蒸发了出来，遇到塑料薄膜后，就在薄膜上液化成水滴，并滴落下来。

93.雾气缭绕（难度：★★★☆☆）

玻璃和镜面上会蒙上雾气吗？

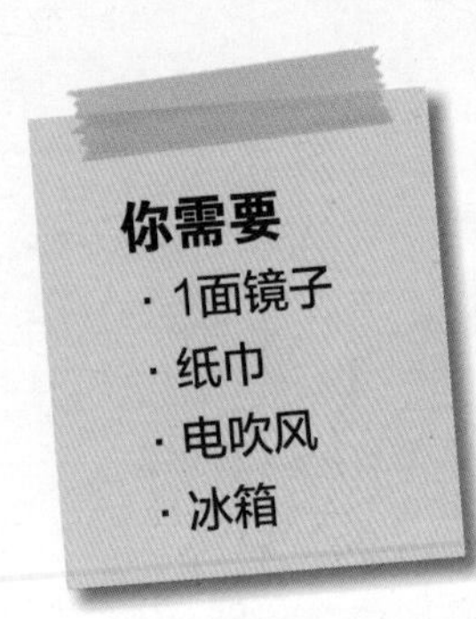

这样来做

- 用纸巾把镜面擦干净。
- 用电吹风对着镜面吹热风。
- 再对着镜子哈气，并观察。
- 把镜子放在冰箱里20分钟。
- 从冰箱里取出镜子，对着镜子哈气。

会发生什么

对着被热风吹过的镜面哈气，镜面上不会覆盖雾气；从冰箱里拿出来的镜子，还没对它吹气，镜面上就出现了一层雾气。

为什么会这样

不管是室内的空气还是呼出的气体，其中都含有水蒸气。当温暖的室内空气或者更温暖的呼出的气体遇到冰冷的镜面时，就会以雾的形式在镜面上形成一层小水滴。

当镜子受热时，这些水又蒸发了。当冷的平面上吹过一阵暖风，如电吹风吹出的热风，平面上会形成一层小水珠，但它们蒸发得特别快。而对于一个温度较高的平面，空气中的水无法在平面上散热液化，所以对着被电吹风的热风吹过的镜子哈气，不会产生雾气。

雾的形成原理是这样的：温暖潮湿的空气在地面附近遇冷散热，液化成许多小水滴。

94.土壤中的水过滤器（难度：★★★☆☆）

为什么地下水是洁净无菌的？

你需要

- 水
- 泥土
- 沙子
- 小石子
- 1个烧杯
- 1个空花盆（底部有洞）
- 1个纸做的咖啡过滤器
- 1个大罐子

这样来做

- 把咖啡过滤器放在花盆里，再在花盆里铺一层石头，然后是沙子和泥土。
- 把这个花盆放在大罐子上。
- 在一个装满水的杯子里撒进半勺土，并搅拌几下，让水看起来很脏。
- 把脏水倒进花盆里。

会发生什么

从花盆里流出来的水不再是脏脏的颜色，罐子里的水也十分干净。

为什么会这样

水不会被砾石、沙子和泥土阻隔下来，而是透过花盆底部的小孔，最终汇集到罐子里。沙子和砾石可以阻挡大部分的污物，而纸做的过滤器又可以阻挡细小的灰尘微粒，所以最后流出的水看起来就要清澈很多。

与这个花盆过滤器的工作原理十分相似，地下的土层也像一个过滤器。当自然界的水穿过土壤层时，水溶解并带走了土壤中的矿物质。而土层所做的就是过滤出水中的污物，这个过程需要50天以上。之后，洁净的水就诞生了。

95.井的奇迹（难度：★★★★☆）

水可以从下往上流吗?

请在大人监护下进行!

你需要

- 被墨水或果汁染了色的水
- 橡皮泥或口香糖
- 1把锤子
- 1根钉子
- 2根吸管
- 2个没有盖的罐子
- 1个有盖的罐子

这样来做

- 请大人用锤子和钉子在盖子上凿两个孔。注意，这两个孔之间要尽可能隔得远一些。
- 把吸管插到孔中，用橡皮泥或者口香糖固定住。注意这两根吸管的长度：当你拧紧罐子上的盖子时，一根吸管几乎接触到瓶子底部，另一根吸管略微伸过瓶盖就可以了。
- 在两个罐子里分别装上半罐被染色的水，把准备好的盖子拧在其中一个罐子上。
- 现在把那个装有水但没有盖的罐子放在一个较高的台子上，把另一个空罐子放在台子旁边。
- 把有盖的罐子倒过来，如右图所示放置。

会发生什么

在拧紧了盖子的罐子里出现了一股井喷。

为什么会这样

因为缝隙已经被橡皮泥封住了，所以拧紧了盖子的罐子里的空气含量不再变化。水会通过那根刚伸过瓶盖的吸管流到事先准备好的空罐子里，这时候，上面那个罐子里的水少了，空气又进不去。瓶内的压强小于瓶外的压强，这种压力差，让放在台子上的罐子里的水通过吸管流到上面的罐里去了。

从前人们会在地上挖很深的管状井，用很长的绳子系在桶上，扔到井里，提取地下水。

这种井的下层井管壁就像一个带孔的筛子一样，能够过滤掉砾石。地下水通过下层井管壁的过滤，水中的沙子和泥土就被过滤掉了。

从地下管道抽出来的水还需要经过加工才可以成为饮用水。

96.雨水（难度：★★★☆☆）

雨天实验

雨水比自来水更干净吗?

你需要

- 雨水
- 自来水
- 石块
- 2个白色的塑料杯
- 洗洁精
- 1把勺子

这样来做

- 下雨时，将一个杯子放在室外接雨水。杯子周围用石块固定住，不要让它被打翻。
- 等杯中装满雨水并且溢出来。
- 过两天，把装满雨水的杯子放到桌子上。
- 在另一个杯子里装上自来水，并把它放在第一个杯子旁边。
- 比较这两个杯子里的水。
- 分别在每个杯子里滴上一滴洗洁精，并用勺子搅拌。

会发生什么

自来水清澈透明，雨水中漂浮着灰尘颗粒，洗洁精在雨水中更容易起泡。

为什么会这样

雨水穿过空气时，带走了空气中的灰尘颗粒，甚至连汽车尾气和工厂废气都会藏在雨水中，雨水中甚至还会有微小的生物体，如细菌、藻类、变形虫。所以雨水是不能直接饮用的（紧急情况除外）。与雨水相比，自来水要干净得多，所以洗洁精和肥皂也能够更好地溶解在里面。

97.纵横交错的管道（难度：★★★☆☆）

人们怎样才能把地下水抽上来?

请在大人监护下进行!

你需要

- 1个装有自来水的大罐子
- 口香糖（嚼过的）或者橡皮泥
- 吸管
- 1把剪刀
- 纸做的大小两个烧杯

这样来做

- 请大人在两个烧杯上用剪刀分别钻一个洞，这个洞应该位于烧杯外壁距杯底大概3厘米处，大小以正好能插入吸管为宜。
- 剪一段大概7厘米长的吸管。
- 把吸管插进两个烧杯上的小孔中，连接两个烧杯。
- 在烧杯的外壁用橡皮泥或口香糖把吸管周围的孔隙封住。
- 在其中一个烧杯中装入自来水。

会发生什么

水从一个烧杯中流向另一个烧杯，直到这两个烧杯中的水平面持平。

为什么会这样

像实验中那样，两个上端开口，下端连通的容器被称作连通器。因为水压和气压相等，所以管道里的水会在两个烧杯里保持相同的高度。

储存有地下水的地下管道也是如此。在任何一个裂缝或孔隙里，地下水水面高度都是持平的。而地下水本身的高度是变化的：在雨水多的年份水位较高，在干旱的年份水位较低。

98.自己制作净化设备（难度：★★★★☆）

净化设备是怎样工作的呢？

你需要

- 水
- 1勺油
- 1勺面包屑
- 1勺泥土
- 洗洁精
- 活性炭（可以在宠物商店买到）
- 鸟沙（可以在宠物商店买到）
- 碎石
- 1个罐子
- 咖啡过滤器
- 一个与咖啡过滤器大小相适应的罐子
- 3个比过滤器略小的塑料花盆（底部有孔）

这样来做

- 在罐子里加入油、面包屑、洗洁精和水并进行搅拌，混合成污水。
- 在咖啡过滤器底部垫上过滤纸，放在与其大小相适应的罐子中。
- 把过滤器和罐子放在盥洗池里。
- 在过滤器上放一个塑料花盆，花盆里装上半盆活性炭。
- 在第一个花盆上再放一个塑料花盆，花盆里装上半盆沙子。
- 在第二个花盆上再放一个塑料花盆，花盆里装上半盆碎石。
- 把事先准备好的脏水慢慢地从最上面的花盆倒进去。

会发生什么

污水通过三个花盆和咖啡过滤器，最终到达最下面的罐子里，这时的水比之前干净了许多，水里也出现了一些气泡。

为什么会这样

脏水通过碎石、沙子和活性炭之后，水中大部分的杂质都被过滤掉了，但是并不是所有的物质都可以被过滤掉，洗洁精和细菌会一直残留在水中。这样的水还是不可以饮用的。

用净化器来净化脏水，需要经过物理、化学、生物等很多净化步骤。

净化的第一个步骤是物理净化：将水中大块的脏东西过滤出来。所谓的沙砾沉淀槽是一个污水沉淀池，可以把沙子、石头之类的杂质过滤出来。紧接着水进入前期过滤槽，淤泥被除去了。

实验中的活性炭相当于净化设备中的一环——生物过滤。在这个环节中，用微生物和氧气把脏水中有机、含磷酸或者硝酸的杂质除去。通常为了把磷酸和硝酸等杂质除去，会使用一些化学物质。在后期净化槽中，一些细菌杂质会被过滤掉。在前期和后期过滤器中过滤出来的淤泥会在沼气池里被分解。这些净化的沼气可以当作肥料，也可以用来做燃料。现在，这种被净化了的水就可以排进河流了。

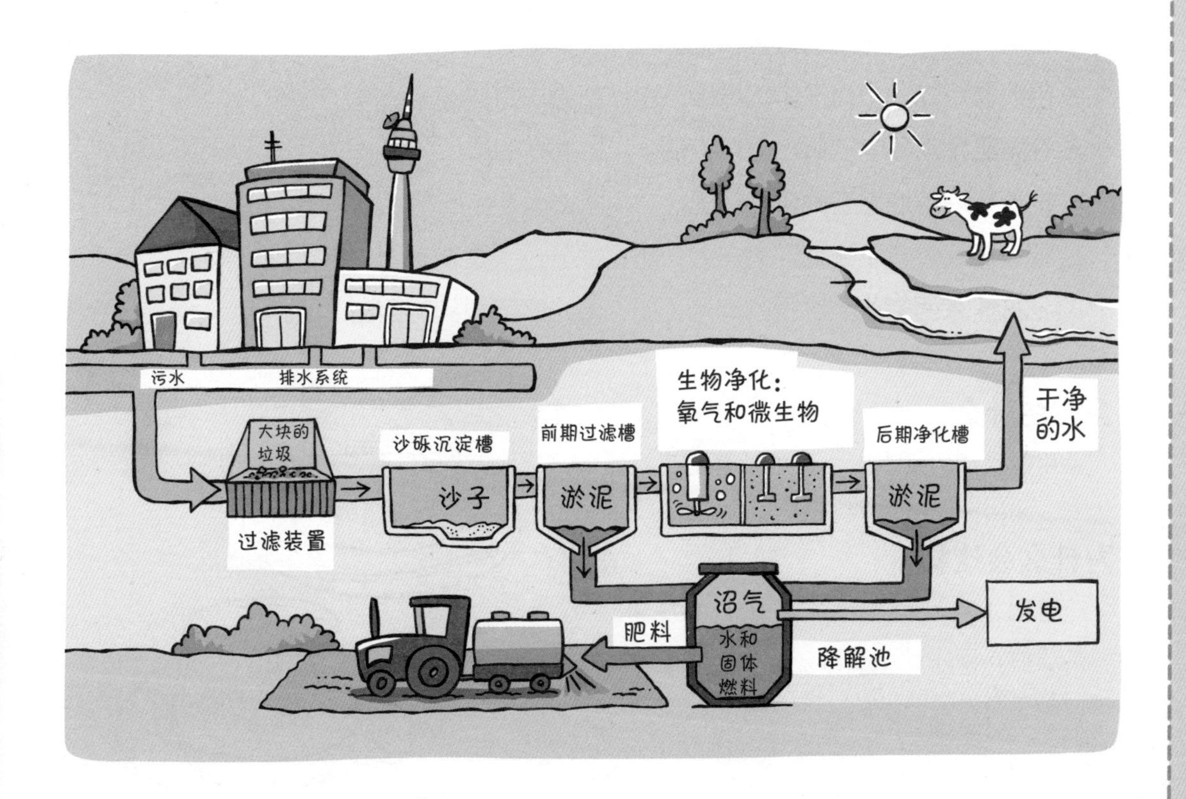

99.变酸的雨水（难度：★★★☆☆）

酸雨会损害植物吗？

你需要

- 2个盘子
- 餐巾纸
- 1个装满水的喷雾瓶
- 食醋
- 1柄汤匙
- 菜籽
- 2个玻璃小碗或者塑料小碗

这样来做

- 在两个盘子上分别铺上餐巾纸。
- 用喷雾瓶向一个盘子中的纸巾喷水，把纸巾打湿。
- 在第二个盘子中的纸巾上倒点醋。
- 把菜籽均匀地撒在两个盘子里。
- 把玻璃或塑料小碗扣在盘子上，防止水分过快蒸发。
- 把这些东西都放到温暖的地方（如：阳光能照射到的窗台）。

会发生什么

用醋浸过的纸巾上，种子没有发芽。

为什么会这样

当雨水从空气中带来了太多的灰尘和杂质时，雨水就会变酸。在酸性的环境下，种子是无法萌发的。

100.淡水和盐水（难度：★★★☆☆）

盐是怎样溶解到水里的？海里怎么会有盐呢？

你需要

- 水
- 小石子
- 食盐
- 沙子
- 1个纸做的过滤器
- 1个空花盆
- 1个大罐子

这样来做

- 在花盆里放上纸做的过滤器，然后把花盆放在大罐子上。
- 在过滤器里放上干净的石子，并撒上食盐。
- 把水浇在石头和食盐上，直到大罐子快要被装满为止。
- 把手指伸进水中，尝一下味道。

会发生什么

水尝起来有点咸。

为什么会这样

食盐溶解在水里，不会被石子过滤掉。在自然界中，雨水落入土壤，在水到达地下水层的过程中，溶解了所遇到的盐。泉水携带着溶解的盐涌到水面。淡水尝起来不咸，是因为其中所溶解的盐只有很少一点。

海水中的含盐量几乎不会变化，淡水中会有盐不断汇入海中，这些盐中的一部分会沉淀在海底、珊瑚、贝壳和虾蟹的外壳上。

不同海域中的含盐量是不同的，就像北海和波罗的海：北海中的平均含盐量是3.5%；而波罗的海中含盐量差异很大，在0.4%到2.0%之间。大西洋的含盐量在3.0%到3.7%之间，而死海的含盐量竟然可以达到29%。

101.海水淡化设备（难度：★☆☆☆☆）

我们可以从海水中得到可饮用的淡水吗？
请在大人监护下进行！

你需要

- 水
- 食盐（大约4勺）
- 1个锅
- 电磁炉
- 1把大勺子
- 1条干净的手绢
- 1个小碗

这样来做

- 在锅里装上半锅水，把食盐溶解在水里，尝一下，要求水是咸的。
- 请大人把锅里的水煮沸。
- 把大勺子横放在锅上，再在上面铺上手绢。
- 水沸腾以后，再加热一段时间，直到手绢完全被水蒸气打湿。
- 请大人把手绢拧干，把水拧在小碗里。
- 尝一下小碗里水的味道。

会发生什么

小碗里的水不是咸的。

为什么会这样

溶解在水中的盐不会随着水蒸气上升到手绢上。把手绢拧干，找一个容器接住拧出来的水。在紧急情况下，用这种方法就可以从海水中提炼出淡水来饮用。

术语表

·附着力

两种不同的物质通过分子的力量相互吸附。例如：水滴吸附在玻璃表面。

·物态

大部分材料，包括水在内，呈现出三种物态：固态（雪、冰）、液态（雨、河水、地下水）和气态（空气中的水蒸气）。水的不同物态与温度和气压有关，例如：在珠穆朗玛峰上，水的沸点低于100℃。

与此相关的还有几个重要的概念：蒸发、升华、凝固和沸点。

·水的异常现象

水与其他物质有所不同，水会发生一些异常现象。例如凝固的冰在受到压力的情况下会融化，而其他的物质会变得更坚固。

·原子

组成宇宙中所有物体的最小物质微粒。原子可以聚集成原子团，这个过程被称为原子的聚集。

·浮力

一种物体重力的反作用力，用来描述水可以将物体“举”起来，让物体漂浮在水面上的能力。根据阿基米德定律，液体中物体所受到的浮力等于物体所排开液体的重力。除此之外，物体所受到的浮力也与物体的形状有关。例如：一艘重达几吨的轮船可以在海上航行，是因为船体的形状使它排开水的重量比它本身的重量要大得多。

·化学式

在化学中，每种元素都用一个化学符号来表示。例如：O代表氧，H代表氢。水是由两个氢原子和一个氧原子构成的化合物。水的化学式为H_2O。

·密度

物体的质量与体积之比，确切地说，就是每立方米这种物质的千克数（kg/m^3）。例如：液态的水比固态的冰的体积更小。人们通常说，水的密度比冰要大。密度与气温和气压有关，在4℃时，水的密度是最大的（水的密度异常）。假如一个物体由不同的材料组成，人们就可以把所有材料的平均密度理解为该物体的密度。

·水的反常膨胀

水在变为固态时有一个特点，那就是体积膨胀，质量减轻。大部分物质在受热时膨胀（密度变小），遇冷时紧缩（密度变大）。而水却不同，水在4℃时，密度达到最大值。此时，如果水继续散热，它的体积会膨胀，当它变成固态的冰时，它所占的空间要比液态的水增加10%。反常膨胀在现实生活中是常见的。例如：湖水是自上而下结冰的，这样，鱼类才能够在水底安全过冬。

· 扩散

物质微粒由密度高的地方向密度低的地方做有规律的运动。例如：气体扩散到整个空间中，墨水均匀地扩散在水中。

· 偶极子

一种两端带有不同电荷的分子。水分子相互吸引，是因为单个的水分子所带的电荷不同。水分子由两个氢原子（正极）和一个氧原子（负极）组成，所以它可以被看作是两个偶极子。水分子中的这种电荷分布是氢键结合的前提。

· 电子

原子里带负电荷的部分（与此相对应带正电荷的部分是质子）。

· 乳浊液

乳浊液由两种液体组成，并且这两种液体本身不能相溶。例如：水和油的混合物。因为这两种液体是不相溶的，所以人们就必须采用一种“辅助物”——乳化剂，使这两种液体能够充分混合。

· 乳化剂

一种可以使原本不相溶的两种液体（例如：水和油）混合成乳浊液的物质。乳化剂的分子同时有“亲水性”和“亲油性”两种特性，所以水和油可以在乳化剂的作用下混合在一起。洗洁精就是乳化剂的一种。

· 冰点/凝固点

水由液态变成固态时的温度。到达此温度时，水的物态改变，凝结成冰。

· 重力

物体所承受的地球引力。不要和另一个概念“质量”混淆。

· 冷却剂

由许多物质，如冰块、水、食盐等组成的用于制冷的混合物。

· 毛细管

液体在狭窄的管道和裂缝中依然能够扩散。由于附着力大于内聚力，液体在狭窄的管道、裂缝或纤维中压强升高。人们称这种狭窄的管道为毛细管，毛细管越细，液体的压强就越大。例如：在高山中地下水会上升，植物体内的汁液会向上运输。

· 内聚力

相同物质分子之间的吸引力。例如：水分子间的这种作用力使水分子聚合在一起。

· 液化

物体由气态转化成液态的物态变化过程。例如：气态的水蒸气遇冷散热转化为液态的水。

· 溶液

两种或两种以上的物质相互混合所形成的混合物。这些物质中必须包含一种溶剂

（如水）和一种或一种以上的溶质（如糖或盐）。

· 饱和溶液

当溶液中所包含的溶质含量达到最高值时，这种溶液被称为饱和溶液。当溶液中溶质的含量过多时，就会出现一些沉淀物。例如：一定量的水中只能溶解一定量的糖，更多的糖不能再被水溶解，而是沉淀在容器底部，这时的溶液就是糖的饱和溶液。

· 溶剂

能够溶解其他物质并且自身的化学成分不会发生变化的液体，例如糖的水溶液（水溶解了糖）。

· 质量

物质的一种本质属性，用来描述物质惯性和重力的物理量。人们通常将物体的质量理解为物体有多重（质量单位：千克）。

质量不能与重量等同。一艘宇宙飞船在地球上的质量与它在月球上、太空中的质量是一样的。如果这艘宇宙飞船在地球上的质量是100千克，由于月球的引力只有地球的1/6，所以飞船在月球上只有17千克，而在失重的情况下重量为0千克。

· 分子

由不同的原子（组成物质的最小单位）聚集而成的原子团。由于原子种类的不同，分子体现出不同的特性。以水分子为例，它是由两个氢原子和一个氧原子组成的，化学式写作H_2O。

· 表面张力

水分子相互吸引（内聚力），而在水面的水分子则缺少更上一层的分子与其相互作用，以至于产生了一种向下的，确切地说是来自内部的强相互作用力。因此在水面就产生了一层“水皮”，在表面张力的作用下，水滴呈球形。而事实上，有些液体是无法聚结成滴的，尽管它们的密度比水大。

· 牺牲阳极保护法

轻金属和重金属的化合，借助轻金属的“牺牲”，达到防止重金属生锈的效果。

· 渗透

渗透是一种特殊形式的扩散。两种同一种类但不同浓度的液体被一层半透膜分隔开。水分子可以穿过这层薄膜，更确切地说，水分子由浓度低的溶液向浓度高的溶液扩散，直到两边的浓度相同。渗透作用在动植物界中起着重要的作用。

· 氧化

一种物质与氧气发生化合反应。例如：生锈（腐蚀）就是氧和铁的化合，水加速了这个过程。

· 质子

原子中带有正电荷的组成部分（与此对应的带负电荷的部分——电子）。

· 熔点

固态物质通过加热转化为液态时所需的温度。

· 半透膜

只容许某种混合物（溶液、混合气体）中的一些离子和小分子物质透过，而不容许大分子物质透过的薄膜。例如：樱桃的表皮上有这种薄膜，下雨时水可以进入果实中，而樱桃中的糖却不会流失。剥开樱桃，我们可以看到里面仍然是多汁的。

· 沸点

液态物质通过加热转化为气态时所需的温度。

· 物质

我们身边一切客观事物都是由物质组成的。物质的存在不依赖于大小和形状，比如说，无论是金块、金戒指还是金项链，都是由化学物质——金组成的。物质可能是液态、气态或者固态的。化学就是一门研究各种各样物质的学科，而这些物质都有自己的特性，比如密度、熔点、物态。

· 升华

物质没有经过液态的中间过程，由固态直接转化为气态（比如由冰直接转化为水蒸气）的过程。例如：在寒冷的冬天，户外的衣物也能晾干。这是因为衣物上的水先结了冰，然后冰又直接升华成了水蒸气。

· 悬浊液

液态和固态物质的混合物。在这种混合物中，固态物质不能溶解在液态物质中，而是悬浮在液态物质中，最终以沉淀的形式沉积在底部，比如黏土和水。

· 触觉感受器

触觉是人类五种感官之一。触觉感受器是皮肤中的神经末梢，由碰触产生的刺激通过神经网络传送给大脑，大脑会对这些信息进行加工处理，产生所碰触物体的图像。

· 表面活性剂

具有去污作用的物质，可以降低水的表面张力。

· 温度感受器

人体内能够对温度变化作出反应的神经末梢。温度感受器又分为感受温暖和寒冷的两种。

· 蒸发

物质由液态转化为气态的过程。例如：水蒸发成水蒸气。蒸发在地球水循环中扮演极其重要的角色。

·黏稠度

液体的“坚韧程度”，更确切地说，是液体内部阻碍液体流动的力的大小。例如：蜂蜜比水更加黏稠。通常来说，随着温度的上升，黏稠度会降低。加热后的蜂蜜会显得稀薄一些，流动性也会更好。

·体积/容积

用于描述物体大小的物理量，用立方米或升来衡量。

·比热容

物质能够吸收热量的能力。

·氢键

在液态水中，水分子相互吸引，这是因为一个水分子中的氢原子与另一个水分子中的氧原子互相吸引。这样就在两个水分子之间产生了关联，也就是氢键。氢键的稳定性与微粒的运动情况和温度有关。在4℃的条件下，水分子的聚集是最紧密的。因此水在这时呈现出最大密度。与此同时，氢键本身也在不停地分解和重新化合。水结成冰，就是水中的水分子通过氢键的化合结合成稳定的结晶，实际上，比起单个的水分子，它占据了更大的空间。

101个植物的实验

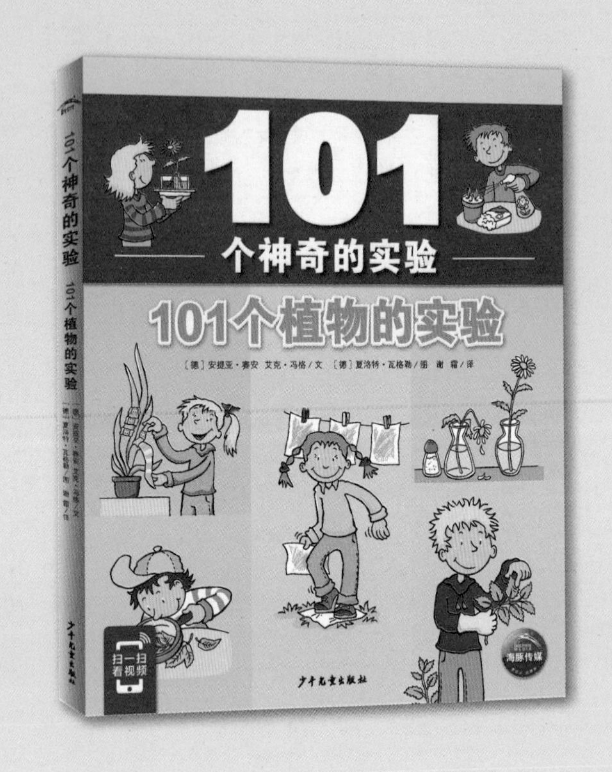

松果是藏匿秘密纸条的理想地点；仙人掌在陌生的“身体”上也可以快乐生长；植物为了沐浴阳光要冒险跨越层层障碍；香蕉并不是一开始就弯了腰。

植物在地球上扮演着十分重要的角色，并且为我们解密大自然提供了重要线索。关于植物，我们有好多问题想知道：

- **怎样才能知道树的年龄?**
- **为什么树叶在秋天会变黄?**
- **没有土壤，植物也能生长吗?**
- **痒痒粉是怎么做出来的?**

丰富有趣的现象，浅显易懂的解释，生动形象的插图，《101个植物的实验》带你走进多姿多彩的植物世界，让你在快乐中增长知识、开阔眼界。